周 期 表

| 10 | 11 | 12 | 13 | 14 | 15 | 16 | 17 | 18 | 族/周期 |

ここに示した原子量は，IUPAC で承認された最新の資料をもとに，日本化学会原子量専門委員会で有効数字 4 桁にまとめて作成したものである。ただし，元素の原子量が確定できないものは－で示した。原子番号 100 ～ 118 の元素の詳しい性質はわかっていない。

第2族の元素は遷移元素に含める場合と含めない場合がある。

1 H 水 素 1.008
原子番号
元素記号
元素名
原子量

2 He ヘリウム 4.003 — 1

5 B ホウ素 10.81
6 C 炭 素 12.01
7 N 窒 素 14.01
8 O 酸 素 16.00
9 F フッ素 19.00
10 Ne ネオン 20.18 — 2

13 Al アルミニウム 26.98
14 Si ケイ素 28.09
15 P リ ン 30.97
16 S 硫 黄 32.07
17 Cl 塩 素 35.45
18 Ar アルゴン — 3

28 Ni ニッケル 58.69
29 Cu 銅 63.55
30 Zn 亜 鉛 65.38
31 Ga ガリウム 69.72
32 Ge ゲルマ... 72.
50 S... 118.7
121.8
127.6
126.9
131.3 — 4

46 Pd パラジウム 106.4
47 Ag 銀 107.9
48 Cd カドミウム 112.4
49 In インジウム 114.8 — 5

78 Pt 白 金 195.1
79 Au 金 197.0
80 Hg 水 銀 200.6
81 Tl タリウム 204.4
82 Pb 鉛 207.2
83 Bi ビスマス 209.0
84 Po ポロニウム —
85 At アスタチン —
86 Rn ラドン — 6

110 Ds ...ームスタチウム —
111 Rg レントゲニウム —
112 Cn コペルニシウム —
113 Nh ニホニウム —
114 Fl フレロビウム —
115 Mc モスコビウム —
116 Lv リバモリウム —
117 Ts テネシン —
118 Og オガネソン — 7

63 Eu ...ロピウム 152.0
64 Gd ガドリニウム 157.3
65 Tb テルビウム 158.9
66 Dy ジスプロシウム 162.5
67 Ho ホルミウム 164.9
68 Er エルビウム 167.3
69 Tm ツリウム 168.9
70 Yb イッテルビウム 173.0
71 Lu ルテチウム 175.0

95 Am ...メリシウム —
96 Cm キュリウム —
97 Bk バークリウム —
98 Cf カリホルニウム —
99 Es アインスタイニウム —
100 Fm フェルミウム —
101 Md メンデレビウム —
102 No ノーベリウム —
103 Lr ローレンシウム —

JN052257

改訂版

化学
反応式
ハンドブック

船 登 惟 希

The Universe's Easiest Ways
to Memorise
Chemical Equations
by Yoshiaki Funato

Gakken

はじめに

～化学反応式をマスターして，化学って楽しい！と思ってもらうために～

本書を手に取っていただき，ありがとうございます。

◆ 化学反応式を知らなければ解けない問題が多い

化学は化学変化について勉強する学問であり，どんな化学変化が起きているのかを表すのが化学反応式です。化学反応式を知らなければ多くの問題が解けない，と言っても過言ではありません。無機化学や有機化学では化学反応式を書かせる問題がよく出題されますし，化学反応式を知らなければ解けない計算問題もよく出題されます。

◆ 化学反応式は，数少ないルールを覚えてマスターしよう

これほど重要な化学反応式ですが，暗記するだけのつまらないもの，と思っている人も多いでしょう。僕が受験生のときもそうでした。化学反応式は教科書のいろいろなところに散らばっているし，化学反応式をまとめた参考書は物質ごとにまとめられているものが多いため，辞書代わりにしか使えなかったのです。

実際は，化学反応というのは，数少ない決まったルールに則って起こっています。本書はそんな「化学反応が起こるルール」別に反応式をまとめた新しい参考書です。Chapter2，3の最後には物質ごとに反応式がまとめてありますので，辞書代わりとしても使用できます。

◆ 化学全体の理解を深める

また，本書には「化学反応式を問われることはないけれど，知っておくべき反応」も掲載しました。本質を理解しながら，丸暗記を避け，化学全体の理解が深まる……。本書を通し，化学が少しでも楽しいものになったら，これ以上嬉しいことはありません。

それでは，ゆるくてかわいいキャラクターたちと一緒に，化学反応式を学んでいきましょう！

本書の特長と使いかた

■ 本書の対応する出題パターン

化学反応式の知識が必要な問題は次のような3つの出題パターンがありますが，本書ではすべてのパターンに対応できるようになっています。

・パターン1　両辺の化学式が書かれており，係数を求めさせる問題

→ Chapter1

・パターン2　左辺（反応物）の化学式から，右辺（生成物）を求めさせる問題

→ Chapter2，3

・パターン3　日本語から化学反応式を求めさせる問題

→ Chapter1 ～ 3

■ 本書の構成と使いかた

Chapter1では，日本語から化学式に変換できるようにするため，化学式の命名法のルールや慣用名のまとめが載せてあります。また，基礎的な事項ではありますが，反応式の係数を求める方法もChapter1に載せましたので不安な人は確認しましょう。

Chapter2，3では，左辺（反応物）から右辺（生成物）を求めるルールごとに，反応式がまとめてあります。各テーマの冒頭に代表的な化学反応式を載せましたので，どんな反応物からどんな生成物ができるのかがイメージしやすくなっています。すぐ下には化学反応式の「Point」がまとめられていますので，しっかり読むことで反応のしくみを理解しましょう。

最後に「ここで覚えたい！」や「ここで確認！」にまとめてある反応式で，左辺から右辺が導けるようになっているか，赤シートを使ってチェックしましょう。

また，丸暗記しないといけないものは「即答の反応式」や「即答キーワード」としてまとめてあります。ここは歯を食いしばって暗記してくださいね。

Chapter2，3の最後には物質ごとに化学反応式がまとめられており，辞書として利用することができます。また，赤シートで隠して右辺が求められるようになっているか，最終確認するのにも利用しましょう。

※物質名は，間違えやすいもの，覚えにくいものは，繰り返し載せています。
　触媒や反応の起こる条件などは，受験でおさえておきたいものに絞って載せています。

4

Chapter 3　有機化学の反応式 ‥‥‥‥‥‥‥117

ニャンタローは無機化学分野，
ミミーは有機化学分野で
お手伝い願おう

頑張るニャ！

お役に
立ちます！

ハカセ少し
休憩しようよ～

反応式を学ぶ前の基礎知識

POINT ① 無機物質は「陰イオン→陽イオン」の順に読み，
「陽イオン→陰イオン」の順に表記する！

無機物質の場合，$NaCl$ を「塩化ナトリウム」と読むように，日本語では**陰イオン**を先に，**陽イオン**を後に読みますが，化学式では陽イオンを先に，陰イオンを後に表記します。

注意すべきは，陽イオンと陰イオンの割合です。普通，化合物は全体が電気的に中性となるような割合となります。Na^+ と Cl^- だったらそれぞれ1価の陽イオン，1価の陰イオンなので $NaCl$ ですが，Ca^{2+} と Cl^- では $CaCl_2$，Ag^+ と SO_4^{2-} なら Ag_2SO_4 となるのです。

◎ ここで覚えたい！ 化学式①

陽イオンが Ag^+（銀イオン）の化合物	
✓	フッ化銀　AgF
✓	塩化銀　$AgCl$
✓	臭化銀　$AgBr$
✓	ヨウ化銀　AgI
✓	硫化銀　Ag_2S

陽イオンが Al^{3+}（アルミニウムイオン）の化合物	
✓	酸化アルミニウム（アルミナ）　Al_2O_3
✓	水酸化アルミニウム　$Al(OH)_3$
✓	硫酸アルミニウム　$Al_2(SO_4)_3$

陽イオンが Ba^{2+}（バリウムイオン）の化合物	
✓	炭酸バリウム　$BaCO_3$
✓	硫酸バリウム　$BaSO_4$

陽イオンが Ca^{2+}（カルシウムイオン）の化合物	
✓	塩化カルシウム　$CaCl_2$
✓	炭酸カルシウム　$CaCO_3$
✓	フッ化カルシウム（蛍石）　CaF_2
✓	酸化カルシウム　CaO
✓	水酸化カルシウム　$Ca(OH)_2$
✓	硫酸カルシウム　$CaSO_4$

陽イオンが Cd^{2+}（カドミウムイオン）の化合物	
✓	硫化カドミウム　CdS

陽イオンが Cu^{2+}（銅（Ⅱ）イオン）の化合物	
✓	水酸化銅（Ⅱ）　$Cu(OH)_2$
✓	硫化銅（Ⅱ）　CuS
✓	硫酸銅（Ⅱ）　$CuSO_4$

このくらい
ラクショー

陽イオンがFe²⁺(鉄(Ⅱ)イオン)の化合物
✓ 塩化鉄(Ⅱ)　$FeCl_2$
✓ 水酸化鉄(Ⅱ)　$Fe(OH)_2$
✓ 硫化鉄(Ⅱ)　FeS
✓ 硫酸鉄(Ⅱ)七水和物　$FeSO_4·7H_2O$

陽イオンがFe³⁺(鉄(Ⅲ)イオン)の化合物
✓ 塩化鉄(Ⅲ)　$FeCl_3$
✓ 塩化鉄(Ⅲ)六水和物　$FeCl_3·6H_2O$

陽イオンがH⁺(水素イオン)の化合物
✓ フッ化水素　HF
✓ 塩化水素　HCl
✓ 臭化水素　HBr
✓ ヨウ化水素　HI
✓ 硫化水素　H_2S

陽イオンがHg²⁺(水銀(Ⅱ)イオン)の化合物
✓ 硫化水銀(Ⅱ)　HgS

陽イオンがK⁺(カリウムイオン)の化合物
✓ ヨウ化カリウム　KI
✓ 硫酸カリウム　K_2SO_4

陽イオンがMg²⁺(マグネシウムイオン)の化合物
✓ 酸化マグネシウム　MgO
✓ 水酸化マグネシウム　$Mg(OH)_2$

陽イオンがMn²⁺(マンガン(Ⅱ)イオン)の化合物
✓ 硫化マンガン(Ⅱ)　MnS

陽イオンがMn⁴⁺(マンガン(Ⅳ)イオン)の化合物
✓ 酸化マンガン(Ⅳ)(二酸化マンガン)　MnO_2

陽イオンがNa⁺(ナトリウムイオン)の化合物
✓ 炭酸ナトリウム　Na_2CO_3
✓ 炭酸水素ナトリウム　$NaHCO_3$
✓ 水酸化ナトリウム　$NaOH$

陽イオンがNH₄⁺(アンモニウムイオン)の化合物
✓ 塩化アンモニウム　NH_4Cl
✓ 炭酸アンモニウム　$(NH_4)_2CO_3$

陽イオンがNi²⁺(ニッケル(Ⅱ)イオン)の化合物
✓ 硫化ニッケル(Ⅱ)　NiS

陽イオンがPb²⁺(鉛(Ⅱ)イオン)の化合物
✓ 塩化鉛(Ⅱ)　$PbCl_2$
✓ クロム酸鉛(Ⅱ)　$PbCrO_4$
✓ 水酸化鉛(Ⅱ)　$Pb(OH)_2$
✓ 硫化鉛(Ⅱ)　PbS
✓ 硫酸鉛(Ⅱ)　$PbSO_4$

陽イオンがSn²⁺(スズ(Ⅱ)イオン)の化合物
✓ 塩化スズ(Ⅱ)　$SnCl_2$
✓ 水酸化スズ(Ⅱ)　$Sn(OH)_2$
✓ 硫化スズ(Ⅱ)　SnS

陽イオンがZn²⁺(亜鉛イオン)の化合物
✓ 水酸化亜鉛　$Zn(OH)_2$
✓ 硫化亜鉛　ZnS
✓ 酸化亜鉛　ZnO

こりゃ！
最初くらい
まじめにやらんか！

なお，以下の化学式は，名称だけでは陽イオンと陰イオンがいくつずつで形成された
のかわかりにくいので注意が必要です。しっかり覚えましょう。

◎ ここで覚えたい！ 化学式② ～陽イオンと陰イオンの数がわかりにくいもの～

✓	酸化銀　Ag_2O	Ag^+ が2つ，O^{2-}（酸化物イオン）が1つ
✓	酸化銅（I）　Cu_2O	Cu^+（銅（I）イオン）が2つ，O^{2-} が1つ
✓	酸化銅（II）　CuO	Cu^{2+}（銅（II）イオン）が1つ，O^{2-} が1つ
✓	酸化水銀（II）　HgO	Hg^{2+}（水銀（II）イオン）が1つ，O^{2-} が1つ
✓	酸化鉄（II）　FeO	Fe^{2+}（鉄（II）イオン）が1つ，O^{2-} が1つ
✓	酸化鉄（III）　Fe_2O_3	Fe^{3+}（鉄（III）イオン）が2つ，O^{2-} が3つ
✓	四酸化三鉄　Fe_3O_4	Fe^{2+} が1つ，Fe^{3+} が2つ，O^{2-} が4つ
✓	炭酸水素カルシウム　$Ca(HCO_3)_2$	Ca^{2+} が1つ，HCO_3^-（炭酸水素イオン）が2つ
✓	ヘキサフルオロケイ酸　H_2SiF_6	H^+ が2つ，SiF_6^{2-}（ヘキサフルオロケイ酸イオン）が1つ
✓	チオシアン酸カリウム　$KSCN$	K^+ が1つ，SCN^-（チオシアン酸イオン）が1つ
✓	ケイ酸ナトリウム　Na_2SiO_3	Na^+ が2つ，SiO_3^{2-}（ケイ酸イオン）が1つ
✓	亜硝酸アンモニウム　NH_4NO_2	NH_4^+（アンモニウムイオン）が1つ，NO_2^-（亜硝酸イオン）が1つ

電荷が0になる
ようになって
おるんじゃよ

銅，鉄，水銀のイオンは
価数に注意しなきゃ

POINT ② 錯イオンは，「配位数」＋「配位子の名称」＋
「金属イオンの元素名＋（酸化数）」の順で読む！

非共有電子対をもったイオンが，特定の金属イオンに配位してできるのが **錯イオン**
です。錯イオンは，以下のように特殊な命名法で名付けられています。

「配位数」＋「配位子の名称」＋「金属イオンの元素名＋（酸化数）」

ちなみに，「配位数」と「配位子の名称」は以下の通りです。

配位数 ………… 1：モノ　　2：ジ　　3：トリ　　4：テトラ
　　　　　　　　 5：ペンタ　　6：ヘキサ
配位子の名称 … NH_3：アンミン　　CN^-：シアニド
　　　　　　　　 OH^-：ヒドロキシド　　H_2O：アクア　　Cl^-：クロリド

その他の注意点として
・錯イオンの電荷数は，金属イオンと配位子の電荷を足し合わせたもので表す
・総電荷がマイナスとなって陰イオンとなるときは，末尾に「酸」がつく
というものがあります。日本語から化学式に直せるか，化学式から日本語に直せる
かを確認しましょう。水溶液の色が特徴的なものについては，ついでに確認してし
まいましょう。

◎ ここで覚えたい！ **錯イオン**

✓	ジアンミン銀（I）イオン	$[Ag(NH_3)_2]^+$
✓	ジシアニド銀（I）酸イオン	$[Ag(CN)_2]^-$
✓	テトラアンミン亜鉛（II）イオン	$[Zn(NH_3)_4]^{2+}$
✓	テトラヒドロキシド亜鉛（II）酸イオン	$[Zn(OH)_4]^{2-}$
✓	テトラアンミン銅（II）イオン	$[Cu(NH_3)_4]^{2+}$　（深青色）
✓	テトラアクア銅（II）イオン	$[Cu(H_2O)_4]^{2+}$　（青色）
✓	テトラヒドロキシドアルミン酸イオン	$[Al(OH)_4]^-$
✓	テトラアクア鉛（II）イオン	$[Pb(H_2O)_4]^{2+}$
✓	ヘキサシアニド鉄（II）酸イオン	$[Fe(CN)_6]^{4-}$　（淡黄色）
✓	ヘキサシアニド鉄（III）酸イオン	$[Fe(CN)_6]^{3-}$　（黄色）

POINT ③ 慣用的な表現が使われるものは，暗記するしかない！

以下は，化学式の名称のルールとは関係なく，慣用的な名称が使われるものです。
理屈抜きに覚えてしまいましょう。

◎ ここで覚えたい！**化学式③**　～慣用的な名称のもの～

✓	塩酸（希塩酸，濃塩酸）　HCl		✓	石灰水　$Ca(OH)_2$の飽和水溶液
✓	次亜塩素酸　$HClO$		✓	石灰石　$CaCO_3$
✓	硝酸（希硝酸，濃硝酸）　HNO_3		✓	さらし粉　$CaCl(ClO)\cdot H_2O$
✓	亜硝酸　HNO_2		✓	蛍石（ほたるいし）　CaF_2
✓	硫酸（希硫酸，濃硫酸，熱濃硫酸）　H_2SO_4		✓	カーバイド　CaC_2
✓	亜硫酸　H_2SO_3		✓	過酸化水素　H_2O_2
✓	発煙硫酸（主成分）　$H_2S_2O_7$		✓	赤鉄鉱　Fe_2O_3
✓	リン酸　H_3PO_4		✓	磁鉄鉱　Fe_3O_4
✓	ケイ酸　H_2SiO_3		✓	セッコウ　$CaSO_4\cdot 2H_2O$
✓	シュウ酸　$(COOH)_2$		✓	焼きセッコウ　$CaSO_4\cdot \frac{1}{2}H_2O$
✓	炭酸　H_2CO_3			
✓	アンモニア　NH_3		✓	重曹　$NaHCO_3$
✓	オゾン　O_3		✓	過マンガン酸カリウム　$KMnO_4$
✓	チオ硫酸ナトリウム　$Na_2S_2O_3$		✓	ニクロム酸カリウム　$K_2Cr_2O_7$
✓	生石灰　CaO		✓	クロム酸カリウム　K_2CrO_4
✓	消石灰　$Ca(OH)_2$		✓	ミョウバン　$AlK(SO_4)_2\cdot 12H_2O$

セッコウはギプスや
陶磁器の型に
使われているよ

セッコウを
加熱すると
焼きセッコウに
なるんじゃ

ギプス　　陶磁器

POINT ① アルカン，アルケン，アルキンの名称を覚えよう！

炭素Cと水素Hの2種からなる化合物を**炭化水素**といい，**単結合**のみで作られる**鎖式炭化水素**（脂肪族炭化水素）を**アルカンC_nH_{2n+2}**といいます。以下のアルカンの名称を覚えておきましょう。

◎ ここで覚えたい！ **アルカンの名称**

	炭素の数			
✓	1	CH_4	メタン	(methane)
✓	2	C_2H_6	エタン	(ethane)
✓	3	C_3H_8	プロパン	(propane)
✓	4	C_4H_{10}	ブタン	(butane)
✓	5	C_5H_{12}	ペンタン	(pentane)

	炭素の数			
✓	6	C_6H_{14}	ヘキサン	(hexane)
✓	7	C_7H_{16}	ヘプタン	(heptane)
✓	8	C_8H_{18}	オクタン	(octane)
✓	9	C_9H_{20}	ノナン	(nonane)
✓	10	$C_{10}H_{22}$	デカン	(decane)

鎖式炭化水素のうち，**二重結合**を1つ含むものを**アルケンC_nH_{2n}**といい，**三重結合**を1つ含むものを**アルキンC_nH_{2n-2}**といいます。以下の名称を覚えておきましょう。

◎ ここで覚えたい！ **アルケン・アルキンの名称**

アルケンの名前				
	炭素の数			
✓	2	C_2H_4	エテン	(ethene)
✓	3	C_3H_6	プロペン	(propene)
✓	4	C_4H_8	ブテン	(butene)
✓	5	C_5H_{10}	ペンテン	(pentene)
✓	⋮		⋮	

アルキンの名前				
	炭素の数			
✓	2	C_2H_2	エチン	(ethyne)
✓	3	C_3H_4	プロピン	(propyne)
✓	4	C_4H_6	ブチン	(butyne)
✓	5	C_5H_8	ペンチン	(pentyne)
✓	⋮		⋮	

アルカンの名前を覚えたらアルケンとアルキンもイケる！

POINT② 炭化水素の名称のつけ方を覚えよう！

炭化水素の名称は次のようなステップで決められます。

ステップ① 「**最も長い炭素鎖（主鎖）に注目し，そのアルカン・アルケン・アルキンの名称をつける**」

ステップ② 「**主鎖が４つ以上の炭素鎖で二重結合・三重結合がある場合（アルケン・アルキンの場合）は，その位置が最も小さな番号になるように端から順に番号を振り，ステップ①でつけた名前の前におく**」

ステップ③ 「**枝分かれした炭素鎖（側鎖）の名称をつけ加える**」

アルカンの場合は，ここで側鎖の位置が最も小さな番号になるように端から順に番号を振ります。

ステップ④ 「**同じ側鎖が複数ある場合は，側鎖の数を数詞で表す**」

ステップ⑤ 「**『側鎖の位置の番号』→『数詞』→『側鎖の名称』→『ステップ①と②でつけたアルカン・アルケン・アルキンの名称』の順に名前をつける**」

以下の炭化水素の例が，このステップで命名されていることを確認しましょう。

$$CH_3 - CH_2 - CH_2 - CH_3$$
ブタン

$$CH_2 = CH - CH_2 - CH_3 \qquad CH_3 - CH = CH - CH_3$$
1-ブテン　　　　　　　　　　2-ブテン

$$CH \equiv C - CH_2 - CH_3 \qquad CH_3 - C \equiv C - CH_3$$
1-ブチン　　　　　　　　　　2-ブチン

$$CH_3$$
$$CH_3 - CH - CH_2 - CH_2 - CH_3$$
2-メチルペンタン

$$CH_3$$
$$CH_3 - CH_2 - CH - CH_2 - CH_3$$
3-メチルペンタン

$$CH_3 \quad CH_3$$
$$CH_3 - CH - CH - CH_2 - CH_3$$
2,3-ジメチルペンタン

$$CH_2 = CH - CH_2 - CH_2 - CH_3$$
1-ペンテン

$$CH_3 - CH = CH - CH_2 - CH_3$$
2-ペンテン

$$CH_3$$
$$CH_3 - C = CH - CH_2 - CH_3$$
2-メチル-2-ペンテン

$$CH_3$$
$$CH \equiv C - C - CH_2 - CH_3$$
$$CH_3$$
3,3-ジメチル-1-ペンチン

なお，$\begin{matrix} R^1 \\ R^2 \end{matrix} C = C \begin{matrix} R^3 \\ R^4 \end{matrix}$ のような構造の物質で，$R^1 \neq R^2$，$R^3 \neq R^4$の両方が成り立っているときには，**シス-トランス異性体**（幾何異性体）が存在します。
※Rは側鎖を表します。

主鎖となる炭素骨格が，二重結合をはさんで同じ側に続いているものを**シス形**，反対側に続いているものを**トランス形**として区別するので注意しましょう。

$$\begin{matrix} CH_3 \\ H \end{matrix} C = C \begin{matrix} CH_3 \\ H \end{matrix}$$
シス-2-ブテン

$$\begin{matrix} CH_3 \\ H \end{matrix} C = C \begin{matrix} H \\ CH_3 \end{matrix}$$
トランス-2-ブテン

$$\begin{matrix} CH_3 \\ H \end{matrix} C = C \begin{matrix} CH_2 - CH_3 \\ H \end{matrix}$$
シス-2-ペンテン

$$\begin{matrix} CH_3 \\ H \end{matrix} C = C \begin{matrix} H \\ CH_2 - CH_3 \end{matrix}$$
トランス-2-ペンテン

えー！
同じじゃ
ないの？

二重結合は
回転できないから
立体的な構造が
異なるんじゃ

POINT ③ 官能基が変わると名称も変わる！

炭素骨格に結合している水素 H と置き換わることで、化合物に特定の性質をもたらす原子、または原子団を**官能基**といいます。

代表的な官能基は以下の通りです。

官能基		化合物の分類	化合物の例	
			名称	構造式
ヒドロキシ基	$-OH$	アルコール	エタノール	C_2H_5-OH
		フェノール類	フェノール	C_6H_5-OH
エーテル結合	$-O-$	エーテル	ジエチルエーテル	$C_2H_5-O-C_2H_5$
ホルミル基※ (アルデヒド基)	$-\overset{O}{\underset{\|\|}{C}}-H$	アルデヒド	アセトアルデヒド	CH_3-CHO
カルボニル基 (ケトン基)	$>C=O$	ケトン	アセトン	$\begin{matrix}CH_3\\ \ \ \ \ \ \searrow CO\\ CH_3\end{matrix}$
カルボキシ基※	$-\overset{O}{\underset{\|\|}{C}}-OH$	カルボン酸	酢酸	CH_3-COOH
エステル結合※	$-\overset{O}{\underset{\|\|}{C}}-O-$	エステル	酢酸メチル	$CH_3-COO-CH_3$
ニトロ基	$-NO_2$	ニトロ化合物	ニトロベンゼン	$C_6H_5-NO_2$
アミノ基	$-NH_2$	アミン	アニリン	$C_6H_5-NH_2$
アミド結合	$-\overset{O\ \ H}{\underset{\|\| \ \ \ \|}{C}}-N-$	アミド	アセトアニリド	$C_6H_5-NHCO-CH_3$

※ホルミル基、カルボキシ基、エステル結合の $-\overset{O}{\underset{\|\|}{C}}-$ をまとめてカルボニル基ともいいます。

アルコールとエーテルとエステルの名称のルール

アルコールは、炭化水素の一部が、官能基 $-OH$ に置き換わった物質のことで、その名称は、炭素数の同じアルカンの語尾の –ane を –ol に変えれば OK です。

CH₃OH(メタノール)　　C₂H₅OH(エタノール)　　C₃H₇OH(プロパノール)

エーテルの名称のルールは、$-O-$ の前後についている 2 つの炭化水素基の名称をアルファベット順に並べて、最後にエーテルをつけます。同じものがついている場合は数詞の"ジ"を使います。

C₂H₅OCH₃(エチルメチルエーテル)　　C₂H₅OC₂H₅(ジエチルエーテル)
　　　　　ethyl- methyl-

エステルは、カルボン酸 $-COOH$ とアルコール $-OH$ から水 H_2O がとれてできるので、名称のルールは"もとのカルボン酸＋くっついている炭化水素基"となります。

HCOOCH₃(ギ酸メチル)　　CH₃COOC₂H₅(酢酸エチル)

POINT ④ 慣用名は丸暗記するしかない！

ここまで炭化水素，アルコール，エーテル，エステルの名称のルールは説明しましたが，それ以外の物質では慣用名で表記されるなど，名称のルールがわからないものがとても多いので，1つ1つの名称と構造式を覚えていくことになります。以下に覚えておくべき代表的な有機化合物をまとめました。一気に覚えようとすると挫折してしまいますので，勉強を進めながら確認していきましょう。

◎ ここで覚えたい！ 有機化合物

◆炭化水素

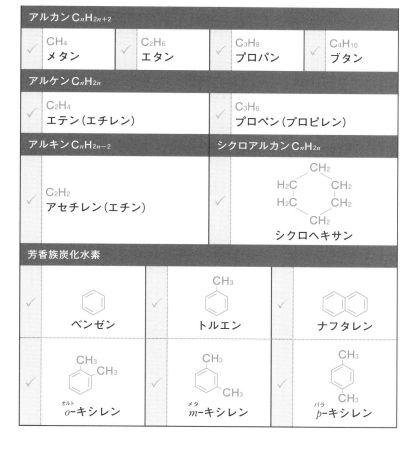

24

◆アルコール

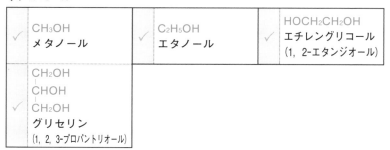

CH₃OH メタノール	C₂H₅OH エタノール	HOCH₂CH₂OH エチレングリコール (1, 2-エタンジオール)
CH₂OH CHOH CH₂OH グリセリン (1, 2, 3-プロパントリオール)		

◆アルデヒド

HCHO ホルムアルデヒド	CH₃CHO アセトアルデヒド

◆ケトン

CH₃COCH₃ アセトン

◆カルボン酸

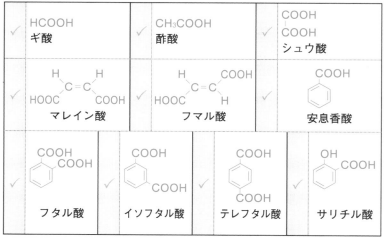

HCOOH ギ酸	CH₃COOH 酢酸	COOH COOH シュウ酸
マレイン酸	フマル酸	安息香酸
フタル酸	イソフタル酸	テレフタル酸
		サリチル酸

◆エーテル

CH₃OCH₃ ジメチルエーテル	CH₃OC₂H₅ エチルメチルエーテル	C₂H₅OC₂H₅ ジエチルエーテル

◆**エステル**

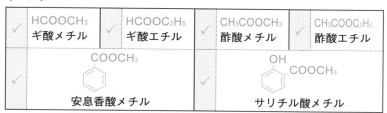

HCOOCH₃ ギ酸メチル	HCOOC₂H₅ ギ酸エチル	CH₃COOCH₃ 酢酸メチル	CH₃COOC₂H₅ 酢酸エチル
安息香酸メチル		サリチル酸メチル	

◆**酸無水物(カルボン酸無水物)**

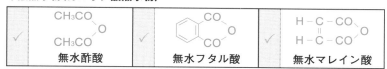

無水酢酸	無水フタル酸	無水マレイン酸

◆**アミン**

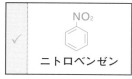

アニリン

◆**ニトロ化合物**

ニトロベンゼン

ベンゼン環見てたら
ドーナツ思い出しちゃった

こじつけが
ひどいのぅ

◆**フェノール類**

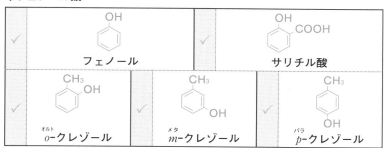

フェノール	サリチル酸
o-クレゾール	m-クレゾール

p-クレゾール

◆糖類

単糖類　$C_6H_{12}O_6$		
グルコース	α-グルコース	（鎖状構造）	β-グルコース
フルクトース	β-フルクトース（六員環）	（鎖状構造）	β-フルクトース（五員環）
ガラクトース	α-ガラクトース	（鎖状構造）	β-ガラクトース

なに!?
急にややこしい！

糖類の構造は
難しいぞぃ
確認しながら
理解するんじゃよ

二糖類　$C_{12}H_{22}O_{11}$

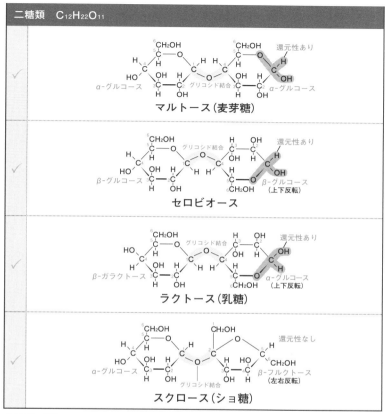

マルトース（麦芽糖）

セロビオース

ラクトース（乳糖）

スクロース（ショ糖）

◆アミノ酸

$H-CH-COOH$ 　　　NH_2 グリシン	$CH_3-CH-COOH$ 　　　　NH_2 アラニン

◆その他

$CH_3-CH-COOH$ 　　　OH 乳酸	$H_2N-CO-NH_2$ 尿素

POINT 4つのステップで化学反応式の係数をつけよう！

ここでは，**化学反応式**の作りかた（係数のつけかた）の手順を見ていきます。

ステップ①	まずは「反応物 ⟶ 生成物」の式を作る。
ステップ②	作った式全体を見て，登場回数が最も少ない原子で構成される物質の係数を1とする。登場回数が同じ場合は，原子の数をいちばん多く含む物質の係数を1とする。
ステップ③	各原子の数が合うように，係数を調整する（係数が分数でもOK）。
ステップ④	分数の係数があったら，最小の整数比になるように，式全体に数字を掛ける。

例としてエタン C_2H_6 を燃焼させ，二酸化炭素 CO_2 と水 H_2O が発生する反応の，化学反応式を書いてみましょう。

ステップ① 「まずは『反応物 ⟶ 生成物』の式を作る」

反応物は C_2H_6 と O_2，生成物は CO_2 と H_2O ですね。

$$C_2H_6 + O_2 \longrightarrow CO_2 + H_2O$$

ステップ② 「作った式全体を見て，登場回数が最も少ない原子で構成される物質の係数を1とする。登場回数が同じ場合は，原子の数をいちばん多く含む物質の係数を1とする」

それぞれの原子に異なる下線を引くとわかりやすいです。

$$\underline{C_2H_6} + \underline{O_2} \longrightarrow \underline{CO_2} + \underline{H_2O}$$

Cは2回，Hは2回，Oは3回なので，CとHでできている C_2H_6 の係数を1とします。

ステップ③ 「各原子の数が合うように，係数を調整する(係数が分数でもOK)」

手順を細かく見てみましょう。

まず，(1)で，左辺のC_2H_6に合わせて，右辺のC原子とH原子の数が同じになるよう，係数をつけます。

(1) $1C_2H_6 + O_2 \longrightarrow 2CO_2 + 3H_2O$

次に，(2)で，O原子の数も同じになるように，係数をつけます。

(2) $1C_2H_6 + \dfrac{7}{2}O_2 \longrightarrow 2CO_2 + 3H_2O$

ステップ④ 「分数の係数があったら，最小の整数比になるように，式全体に数字を掛ける」

分数の係数を消すために，式全体に2を掛けると完成です。

$2C_2H_6 + 7O_2 \longrightarrow 4CO_2 + 6H_2O$ 完成！

 補足　多くの場合はこの方法で係数は決定できますが，ステップ③のところで，係数の調整が簡単にできない場合があります。そういうときはそれぞれの係数をa，b，c，dなどとおいて，連立方程式を解くようにしましょう(これを未定係数法といいます)。

Chapter

2

無機化学の反応式

2-1 | 酸と塩基の反応

2-1 ① 中和反応

$$\underset{\text{塩基}}{\underline{NaOH}} + \underset{\text{酸}}{\underline{HCl}} \longrightarrow \underset{\text{塩}}{\underline{NaCl}} + \underset{\text{水}}{\underline{H_2O}}$$

（塩基(OH^-)と酸(H^+)が反応し，お互いの性質を打ち消し合うことを中和反応という。
OH^-とH^+が結合することで水が生じ，残りのイオンが結合して塩が生じる。）

POINT 酸と塩基を覚えよう！

主要な酸と塩基を覚えれば，**中和反応**であることが見抜けるようになります。

強塩基	NaOH	水酸化ナトリウム	弱塩基	NH₃	アンモニア
	KOH	水酸化カリウム		Cu(OH)₂	水酸化銅(Ⅱ)
	Ca(OH)₂	水酸化カルシウム		Mg(OH)₂	水酸化マグネシウム
	Ba(OH)₂	水酸化バリウム		Fe(OH)₂	水酸化鉄(Ⅱ)
強酸	HCl	塩酸	弱酸	CO₂※	二酸化炭素
	HNO₃	硝酸		H₂S	硫化水素
	H₂SO₄	硫酸		(COOH)₂	シュウ酸
				H₃PO₄	リン酸
				CH₃COOH	酢酸

※水に溶けた CO_2 は一部が H_2O と反応して炭酸 H_2CO_3 が生成します。その水溶液は弱酸となります。

中和反応は
キホン中のキホンじゃ

◎ここで覚えたい!「酸と塩基の中和反応」の反応式

NaOHとの中和反応

$NaOH + HCl \longrightarrow NaCl + H_2O$
水酸化ナトリウム　　　塩化ナトリウム

$NaOH + HNO_3 \longrightarrow NaNO_3 + H_2O$
　　　　　　　　　　　硝酸ナトリウム

$2NaOH + H_2SO_4 \longrightarrow Na_2SO_4 + 2H_2O$
　　　　　　　　　　　硫酸ナトリウム

$2NaOH + CO_2 \longrightarrow Na_2CO_3 + H_2O$
　　　　　　　　　　　炭酸ナトリウム

$NaOH + CH_3COOH \longrightarrow CH_3COONa + H_2O$
　　　　　　　　　　　酢酸ナトリウム

Ca(OH)₂との中和反応

$Ca(OH)_2 + 2HCl \longrightarrow CaCl_2 + 2H_2O$
水酸化カルシウム　　　塩化カルシウム

$Ca(OH)_2 + H_2SO_4 \longrightarrow CaSO_4 + 2H_2O$
　　　　　　　　　　　硫酸カルシウム

$Ca(OH)_2 + CO_2 \longrightarrow CaCO_3 + H_2O$
　　　　　　　　　　　炭酸カルシウム

$3Ca(OH)_2 + 2H_3PO_4 \longrightarrow Ca_3(PO_4)_2 + 6H_2O$
　　　　　　　　リン酸　　　リン酸カルシウム

NH₃との中和反応

$NH_3 + HCl \longrightarrow NH_4Cl$
アンモニア　　　塩化アンモニウム

$NH_3 + HNO_3 \longrightarrow NH_4NO_3$
　　　　　　　　　硝酸アンモニウム

$2NH_3 + H_2SO_4 \longrightarrow (NH_4)_2SO_4$
　　　　　　　　　硫酸アンモニウム

シャケと
塩化ナトリウムは
ばつぐんの相性ニャ

2-1 ② 金属水酸化物＋酸

 例

$$\underset{\text{金属水酸化物}}{Al(OH)_3} + \underset{\text{酸}}{3HCl} \longrightarrow \underset{\text{塩}}{AlCl_3} + \underset{\text{水}}{3H_2O}$$

（金属水酸化物は塩基として酸と反応し，金属塩と水が生成する。）

POINT **金属水酸化物は塩基である！**

主要な塩基である$NaOH$，KOH，$Ca(OH)_2$，$Ba(OH)_2$は，金属水酸化物です。つまり中和反応は，見かたを変えると「金属水酸化物＋酸」といい換えることもできるのです。同様に，他の金属水酸化物も酸と反応して，塩と水を生じます。

◎ ここで覚えたい！「金属水酸化物＋酸」の反応式

✓ $Al(OH)_3 + 3HCl \longrightarrow AlCl_3 + 3H_2O$ 　水酸化アルミニウム　　　　塩化アルミニウム
✓ $2Al(OH)_3 + 3H_2SO_4 \longrightarrow Al_2(SO_4)_3 + 6H_2O$ 　　　　　　　　　　　　　硫酸アルミニウム
✓ $Zn(OH)_2 + 2HCl \longrightarrow ZnCl_2 + 2H_2O$ 　水酸化亜鉛　　　　　　塩化亜鉛
✓ $Pb(OH)_2 + 2HNO_3 \longrightarrow Pb(NO_3)_2 + 2H_2O$ 　水酸化鉛(Ⅱ)　　　　　　硝酸鉛(Ⅱ)
✓ $Cu(OH)_2 + 2HCl \longrightarrow CuCl_2 + 2H_2O$ 　水酸化銅(Ⅱ)　　　　　　塩化銅(Ⅱ)

 補足

強塩基である$NaOH$，KOH，$Ca(OH)_2$，$Ba(OH)_2$，そして上記の$Al(OH)_3$，$Zn(OH)_2$，$Pb(OH)_2$，$Cu(OH)_2$はいずれも酸と反応して塩と水を生じるのに，なぜ$NaOH$，KOH，$Ca(OH)_2$，$Ba(OH)_2$以外は強塩基と呼ばれないのでしょうか？

それは，前者は水に溶けて水中でOH^-を放出するのに対し，後者は水に溶けにくくOH^-を放出しないからです。ただし，後者も液体の酸と反応したときにはOH^-を放出します。

このように，金属水酸化物は強塩基と呼ぶか呼ばないかの違いはあっても，いずれも酸と反応するのに変わりはないのです。

へ〜

2-1 ③ 金属酸化物＋酸

　$$\underset{\text{金属酸化物}}{\underline{CuO}} + \underset{\text{酸}}{\underline{2HCl}} \longrightarrow \underset{\text{塩}}{\underline{CuCl_2}} + \underset{\text{水}}{\underline{H_2O}}$$

（金属酸化物は塩基として酸と反応し，金属塩と水が生成する。）

POINT　金属酸化物は塩基としてはたらく！

金属水酸化物が塩基として酸と反応したように，金属酸化物も塩基としてはたら
きます。このように，金属酸化物は塩基としてはたらくことから，塩基性酸化物と呼
ばれます。

◎ ここで覚えたい！「金属酸化物＋酸」の反応式

$CaO + 2HCl \longrightarrow CaCl_2 + H_2O$ 酸化カルシウム　　　塩化カルシウム	
$Al_2O_3 + 6HCl \longrightarrow 2AlCl_3 + 3H_2O$ 酸化アルミニウム	
$ZnO + 2HCl \longrightarrow ZnCl_2 + H_2O$ 酸化亜鉛　　　　　塩化亜鉛	
$ZnO + H_2SO_4 \longrightarrow ZnSO_4 + H_2O$ 　　　　　　　　　　硫酸亜鉛	
$Fe_2O_3 + 6HCl \longrightarrow 2FeCl_3 + 3H_2O$ 酸化鉄（Ⅲ）	
$PbO + 2HNO_3 \longrightarrow Pb(NO_3)_2 + H_2O$ 酸化鉛（Ⅱ）	
$CuO + 2HCl \longrightarrow CuCl_2 + H_2O$ 酸化銅（Ⅱ）	
$CuO + H_2SO_4 \longrightarrow CuSO_4 + H_2O$ 　　　　　　　　　　硫酸銅（Ⅱ）	

金属「酸化物」と
金属「水酸化物」…
まぎらわしいニャ

2-1 ④ 金属酸化物＋水

例	

$$CaO + H_2O \longrightarrow Ca(OH)_2$$

金属酸化物　　　水　　　　塩基（金属水酸化物）

（金属酸化物は多くが水と反応し，塩基になる。）

POINT **金属酸化物は塩基性酸化物だから，その多くが水と反応して塩基になる！**

金属酸化物が塩基性酸化物と呼ばれるのは，水と反応して塩基になるということも理由のひとつです。CaO, Na_2O が水と反応してできた $Ca(OH)_2$, $NaOH$ は代表的な塩基ですね。

◎ ここで覚えたい！「**金属酸化物＋水**」の反応式

✓	$CaO + H_2O \longrightarrow Ca(OH)_2$
	酸化カルシウム　　　　水酸化カルシウム
✓	$Na_2O + H_2O \longrightarrow 2NaOH$
	酸化ナトリウム

MgOやFe₂O₃，CuOなどは水に溶けにくいぞ

でも酸とは反応するニャ

2-1 ⑤ 金属水酸化物の加熱分解

$$Ca(OH)_2 \xrightarrow{\text{加熱}} CaO + H_2O$$

金属水酸化物　　　　　金属酸化物　　水

（金属水酸化物を加熱すると，水が抜けて，金属酸化物になる。）

POINT　**金属水酸化物を加熱したら，水が抜けることを疑おう！**

「2-1 ④ 金属酸化物＋水」の逆反応です。セットで覚えておきましょう。水が抜けて金属酸化物になっていますね。

◎ ここで覚えたい！「金属水酸化物の加熱分解」の反応式

✓	$Ca(OH)_2 \xrightarrow{\text{加熱}} CaO + H_2O$
✓	$2Al(OH)_3 \xrightarrow{\text{加熱}} Al_2O_3 + 3H_2O$ 水酸化アルミニウム
✓	$Zn(OH)_2 \xrightarrow{\text{加熱}} ZnO + H_2O$ 水酸化亜鉛
✓	$Pb(OH)_2 \xrightarrow{\text{加熱}} PbO + H_2O$ 水酸化鉛（Ⅱ）
✓	$Cu(OH)_2 \xrightarrow{\text{加熱}} CuO + H_2O$ 水酸化銅（Ⅱ）

セットで覚えると
トクした気分〜

2-1 ⑥ 炭酸塩の加熱分解

例	$CaCO_3 \xrightarrow{\text{加熱}} CaO + CO_2$
	炭酸塩 　　　金属酸化物　二酸化炭素

（炭酸塩を加熱すると，二酸化炭素が抜けて，金属酸化物になる。）

POINT 炭酸塩を加熱したら，二酸化炭素が抜ける！

加熱分解といえば，炭酸塩も重要です。こちらは「炭酸塩を加熱すると，二酸化炭素が抜けて金属酸化物が生成する」というところがポイントです。

◎ ここで覚えたい！「炭酸塩の加熱分解」の反応式

✓	$CaCO_3 \xrightarrow{\text{加熱}} CaO + CO_2$
	炭酸カルシウム
✓	$ZnCO_3 \xrightarrow{\text{加熱}} ZnO + CO_2$
	炭酸亜鉛

コ，コラ！やめんかー!!

大理石

大理石の主成分は炭酸カルシウムだ！

2-1 ⑦ 金属単体＋酸素

<table>
<tr><td>例</td><td>

$$2Fe \ + \ O_2 \ \xrightarrow{\text{加熱}} \ 2FeO$$

金属単体　　　酸素　　　　　金属酸化物

（金属単体を空気中で加熱すると，酸素と反応して金属酸化物になる。）
</td></tr>
</table>

POINT① 金属単体を加熱すると，酸素と結合する！

金属水酸化物を加熱すると水が抜けますし（2-1 ⑤），金属の炭酸塩を加熱すると二酸化炭素が抜けます（2-1 ⑥）。一方，金属単体を空気中で加熱すると，酸素と反応して金属酸化物になります。この違いを区別しておきましょう。

POINT② 金属イオンの価数を覚えよう！

重要なのは，金属が何価の陽イオンになり得るかを知っておくことです。
酸化物全体で電荷が0となるように，酸素（酸化物イオンO^{2-}：電荷が−2）と金属元素が結合します。

$Ca^{2+} \Rightarrow CaO$　　$Na^+ \Rightarrow Na_2O$　　$Al^{3+} \Rightarrow Al_2O_3$　　$Zn^{2+} \Rightarrow ZnO$

$Fe^{2+} \Rightarrow FeO$　　$Fe^{3+} \Rightarrow Fe_2O_3$　　$Cu^{2+} \Rightarrow CuO$　　$Cu^+ \Rightarrow Cu_2O$

$Mg^{2+} \Rightarrow MgO$

◎ ここで覚えたい！「金属単体＋酸素」の反応式

✓ $2Ca \ + \ O_2 \ \xrightarrow{\text{加熱}} \ 2CaO$	✓ $2Cu \ + \ O_2 \ \xrightarrow{\text{加熱}} \ 2CuO$ 酸化銅（Ⅱ）
✓ $4Na \ + \ O_2 \ \xrightarrow{\text{加熱}} \ 2Na_2O$	
✓ $4Al \ + \ 3O_2 \ \xrightarrow{\text{加熱}} \ 2Al_2O_3$ 酸化アルミニウム（アルミナ）	✓ $4Cu \ + \ O_2 \ \xrightarrow{\text{強熱}} \ 2Cu_2O$ 酸化銅（Ⅰ）
✓ $2Zn \ + \ O_2 \ \xrightarrow{\text{加熱}} \ 2ZnO$	✓ $2Mg \ + \ O_2 \ \xrightarrow{\text{加熱}} \ 2MgO$ 酸化マグネシウム
✓ $2Fe \ + \ O_2 \ \xrightarrow{\text{加熱}} \ 2FeO$ 酸化鉄（Ⅱ）	
✓ $4Fe \ + \ 3O_2 \ \xrightarrow{\text{加熱}} \ 2Fe_2O_3$ 酸化鉄（Ⅲ）	
✓ $3Fe \ + \ 2O_2 \ \xrightarrow{\text{加熱}} \ Fe_3O_4$ 四酸化三鉄	

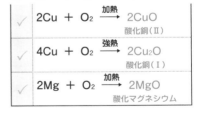

鉄くぎ

鉄くぎのさびは
金属酸化物
なのか〜

2-1 ⑧ 弱酸・弱塩基の遊離

◆弱酸の遊離

> 例 $CaCO_3$ + $2HCl$ ⟶ CO_2 + $CaCl_2$ + H_2O
> 「弱酸＋強塩基で　　　強酸　　　　弱酸　　　塩　　　　水
> 生成する正塩」
>
> （弱酸＋強塩基からなる正塩（水溶液は弱塩基性）は，
> 強酸と反応し，もとの弱酸が生成する。）

◆弱塩基の遊離

> 例 NH_4Cl + $NaOH$ ⟶ NH_3 + $NaCl$ + H_2O
> 「強酸＋弱塩基で　　　強塩基　　　弱塩基　　塩　　　水
> 生成する正塩」
>
> （強酸＋弱塩基からなる正塩（水溶液は弱酸性）は，
> 強塩基と反応し，もとの弱塩基が生成する。）

POINT① 「弱酸＋強塩基」「強酸＋弱塩基」の正塩であることに気づこう！

$CaCO_3$, Na_2CO_3, NH_4Cl などを見かけたら，これらが「弱酸＋強塩基」の正塩であるのか，「強酸＋弱塩基」の正塩であるのかを見抜きましょう。これが第一歩です。

POINT② 「弱酸＋強塩基」の正塩なら水溶液は弱塩基性，「強酸＋弱塩基」の正塩なら水溶液は弱酸性！

次に，その正塩がどのようにしてできたかを考えましょう。すると，その塩がどんな反応をするかがわかります。

「弱酸＋強塩基」からなる正塩
炭酸カルシウム　$CaCO_3$ ………… CO_2 + $Ca(OH)_2$ で生成した正塩
炭酸ナトリウム　Na_2CO_3 ………… CO_2 + $NaOH$ で生成した正塩
酢酸ナトリウム　CH_3COONa …… CH_3COOH + $NaOH$ で生成した正塩

→「弱酸＋強塩基」の正塩は，**"強"いほうである塩基の性質が残って弱塩基性になる**ので，酸と反応します。その結果，もとの弱酸が生成します（**弱酸の遊離**）。

◎ ここで覚えたい！「弱酸の遊離」の反応式

✓	$CaCO_3$ + 2HCl ⟶ CO_2 + $CaCl_2$ + H_2O 炭酸カルシウム
✓	Na_2CO_3 + 2HCl ⟶ CO_2 + 2NaCl + H_2O 炭酸ナトリウム
✓	Na_2CO_3 + H_2SO_4 ⟶ CO_2 + Na_2SO_4 + H_2O 　　　　　　　　　　　　　　　硫酸ナトリウム
✓	$NaHCO_3$* + HCl ⟶ CO_2 + NaCl + H_2O 炭酸水素ナトリウム
✓	$Ca(HCO_3)_2$* + 2HCl ⟶ $2CO_2$ + $CaCl_2$ + $2H_2O$ 炭酸水素カルシウム
✓	$2CH_3COONa$ + H_2SO_4 ⟶ $2CH_3COOH$ + Na_2SO_4 　酢酸ナトリウム

※ $NaHCO_3$, $Ca(HCO_3)_2$ は酸性塩ですが，水溶液は弱塩基性を示します。

「強酸＋弱塩基」からなる正塩
塩化アンモニウム　NH_4Cl ………… HCl + NH_3 で生成した正塩
硫酸アンモニウム　$(NH_4)_2SO_4$ …… H_2SO_4 + NH_3 で生成した正塩

→「強酸＋弱塩基」の正塩は，**"強"いほうである酸の性質が残って弱酸性になる**ので，塩基と反応します。その結果，もとの弱塩基が生成します（**弱塩基の遊離**）。

◎ ここで覚えたい！「弱塩基の遊離」の反応式

✓	$2NH_4Cl$ + $Ca(OH)_2$ $\xrightarrow{\text{加熱}}$ $2NH_3$ + $CaCl_2$ + $2H_2O$ 塩化アンモニウム
✓	NH_4Cl + NaOH ⟶ NH_3 + NaCl + H_2O
✓	$(NH_4)_2SO_4$ + 2NaOH ⟶ $2NH_3$ + Na_2SO_4 + $2H_2O$ 硫酸アンモニウム

弱いヤツが
離れていくんだニャ

2-1 ⑨ 揮発性酸の遊離

> 例
>
> $$\underline{NaCl} \ + \ \underline{H_2SO_4} \ \xrightarrow{\text{加熱}} \ \underline{NaHSO_4} \ + \ \underline{HCl}$$
>
> 揮発性の酸の塩　　不揮発性の酸　　　不揮発性の酸の塩　　揮発性の酸
>
> （揮発性の酸（塩酸 HCl, 希硝酸 HNO₃ など）からできた中性の塩は,　　　　　）
> （不揮発性の酸（濃硫酸 H₂SO₄ など）と反応し, 揮発性の酸を生成する。）

※**揮発性**というのは気体になりやすい性質のことです。

POINT　揮発性の酸が遊離する!

揮発性の酸の塩に不揮発性の酸（濃硫酸）を加えて加熱すると, 右辺に揮発性の酸（HCl, HNO₃, HFなど）が現れる反応式になります。重い不揮発性の酸が, 軽い揮発性の酸の塩にドンと体当たりして, 外に押し出すイメージです。

◎ ここで覚えたい!「揮発性酸の遊離」の反応式

✓	$\underline{NaCl} \ + \ \underline{H_2SO_4} \ \xrightarrow{\text{加熱}} \ NaHSO_4 \ + \ \underline{HCl}$ 　塩化ナトリウム　濃硫酸　　　　硫酸水素ナトリウム　塩化水素
✓	$\underline{NaNO_3} \ + \ H_2SO_4 \ \xrightarrow{\text{加熱}} \ NaHSO_4 \ + \ \underline{HNO_3}$ 　硝酸ナトリウム
✓	$\underline{KNO_3} \ + \ H_2SO_4 \ \xrightarrow{\text{加熱}} \ KHSO_4 \ + \ \underline{HNO_3}$ 　硝酸カリウム　　　　　　硫酸水素カリウム
✓	$\underline{CaF_2} \ + \ H_2SO_4 \ \xrightarrow{\text{加熱}} \ CaSO_4 \ + \ \underline{2HF}$ 　フッ化カルシウム(蛍石)　　　　　　　フッ化水素

2-2 | 酸化還元反応

2-2① 酸化還元反応の化学反応式

POINT① 酸化還元反応は，酸化剤・還元剤を覚える必要がある！

これまで見てきた「酸と塩基の反応」では，反応にかかわる物質の酸化数は変化しませんでした。一方，これから見ていくのは，反応の前後で酸化数が変化する**酸化還元反応**です。**酸化剤**や**還元剤**がどのような反応をするかを表した式を，**半反応式**といいます。酸化還元反応の化学反応式を作るには，まずこの半反応式を書けるようにならなければいけません。

POINT② 半反応式を導き出せるようになろう！

半反応式を，すべて覚えることはとても非効率です。そこで，できるだけ少ない暗記量で半反応式が作れるよう，次の4ステップを踏みます。
【暗記】→【水】→【H^+】→【e^-】

ここでは，過マンガン酸カリウムの半反応式を例に挙げて，作りかたを解説します。

$$MnO_4^- + 8H^+ + 5e^- \longrightarrow Mn^{2+} + 4H_2O$$

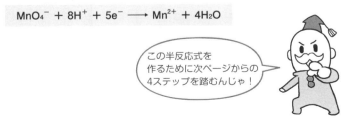

ステップ① 【暗記】

まずは，反応前・反応後の物質の変化を暗記することから始めます。

反応前：MnO_4^-，反応後：Mn^{2+} というのは単純に暗記する必要があります。

◎ ここで覚えたい! 酸化還元反応前後の物質の変化

酸化剤	
✓	MnO_4^- (酸性) → Mn^{2+} **過マンガン酸イオン** マンガン(Ⅱ)イオン
✓	MnO_4^- (中性・塩基性) → MnO_2 酸化マンガン(Ⅳ)
✓	$Cr_2O_7^{2-}$ (酸性) → $2Cr^{3+}$ **ニクロム酸イオン** クロム(Ⅲ)イオン
✓	Cl_2 → $2Cl^-$ **塩素** 塩化物イオン
✓	H_2SO_4 → SO_2 **熱濃硫酸** 二酸化硫黄
✓	HNO_3 → NO_2 **濃硝酸** 二酸化窒素
✓	HNO_3 → NO **希硝酸** 一酸化窒素
✓	SO_2 → S 硫黄
✓	H_2O_2 (中性・塩基性) → $2OH^-$ **過酸化水素** 水酸化物イオン
✓	H_2O_2 (酸性) → $2H_2O$

還元剤	
✓	H_2 → $2H^+$
✓	Na → Na^+
✓	Cu → Cu^{2+} 銅(Ⅱ)イオン
✓	$2I^-$ → I_2 **ヨウ化物イオン** ヨウ素
✓	Fe^{2+} → Fe^{3+} **鉄(Ⅱ)イオン** 鉄(Ⅲ)イオン
✓	Sn^{2+} → Sn^{4+} **スズ(Ⅱ)イオン** スズ(Ⅳ)イオン
✓	H_2S → S **硫化水素**
✓	$(COOH)_2$ → $2CO_2$ **シュウ酸**
✓	SO_2 → SO_4^{2-} 硫酸イオン
✓	H_2O_2 → O_2

※ SO_2，H_2O_2 は相手によって酸化剤にも還元剤にもなるので要注意です。

ステップ② 【水】

$$MnO_4^- \longrightarrow Mn^{2+} \quad \cdots\cdots ①$$
(反応前)　　　(反応後)

両辺の O の数を，水 H_2O であわせます。①式には，左辺に O が4つあるので，その数を両辺でそろえるために，右辺に H_2O を4つ加えます。

$$MnO_4^- \longrightarrow Mn^{2+} + \underline{4H_2O} \quad \cdots\cdots ②$$

両辺のOの数が
4つにそろったね

ステップ③ 【H$^+$】

両辺のHの数を，H$^+$であわせます。②式には，右辺にHが8つあるので，その数を両辺でそろえるために，左辺にH$^+$を8つ加えます。

$$MnO_4^- + \underline{8H^+} \longrightarrow Mn^{2+} + 4H_2O \quad \cdots\cdots③$$

これで両辺のHの数もそろったぞい

ステップ④ 【e$^-$】

両辺の電荷をそろえるために，e$^-$を加えます。

　③式の左辺の電荷は　$(-1)+(+8)=+7$

　右辺の電荷は　$(+2)+(0)=+2$

なので，左辺にe$^-$を5つ加えることで，両辺の電荷が+2にそろいます。これで完成です。

$$MnO_4^- + 8H^+ + \underline{5e^-} \longrightarrow Mn^{2+} + 4H_2O \quad \boxed{完成！}$$

◎ ここで確認! 酸化剤・還元剤の半反応式

酸化剤
✓ $MnO_4^- + 8H^+ + 5e^- \longrightarrow Mn^{2+} + 4H_2O$ （酸性）
✓ $MnO_4^- + 2H_2O + 3e^- \longrightarrow MnO_2 + 4OH^-$ （中性・塩基性）
✓ $Cr_2O_7^{2-} + 14H^+ + 6e^- \longrightarrow 2Cr^{3+} + 7H_2O$ （酸性）
✓ $Cl_2 + 2e^- \longrightarrow 2Cl^-$
✓ $H_2SO_4 + 2H^+ + 2e^- \longrightarrow SO_2 + 2H_2O$ 熱濃硫酸
✓ $HNO_3 + H^+ + e^- \longrightarrow NO_2 + H_2O$ 濃硝酸
✓ $HNO_3 + 3H^+ + 3e^- \longrightarrow NO + 2H_2O$ 希硝酸
✓ $SO_2 + 4H^+ + 4e^- \longrightarrow S + 2H_2O$
✓ $H_2O_2 + 2e^- \longrightarrow 2OH^-$ （中性・塩基性）
✓ $H_2O_2 + 2H^+ + 2e^- \longrightarrow 2H_2O$ （酸性）

還元剤
✓ $H_2 \longrightarrow 2H^+ + 2e^-$
✓ $Na \longrightarrow Na^+ + e^-$
✓ $Fe^{2+} \longrightarrow Fe^{3+} + e^-$
✓ $Sn^{2+} \longrightarrow Sn^{4+} + 2e^-$
✓ $H_2S \longrightarrow S + 2H^+ + 2e^-$
✓ $(COOH)_2 \longrightarrow 2CO_2 + 2H^+ + 2e^-$ シュウ酸
✓ $SO_2 + 2H_2O \longrightarrow SO_4{}^{2-} + 4H^+ + 2e^-$
✓ $H_2O_2 \longrightarrow O_2 + 2H^+ + 2e^-$

こ, こんニャに!?

すべて確認するん
じゃよ

POINT ③ 酸化剤と還元剤の半反応式の e^- をそろえてから
足し合わせ, イオン反応式を完成させる!

例えば, 硫酸酸性下で酸化剤のニクロム酸カリウム $K_2Cr_2O_7$ と, 還元剤の過酸化水素
H_2O_2 が反応する場合の半反応式は, それぞれ次のようになります。

ニクロム酸カリウムの半反応式:
$Cr_2O_7{}^{2-} + 14H^+ + 6e^- \longrightarrow 2Cr^{3+} + 7H_2O$ ……(i)
過酸化水素の半反応式:
$H_2O_2 \longrightarrow O_2 + 2H^+ + 2e^-$ ……(ii)

この酸化剤と還元剤が反応するときの反応式を書きたいのですが，一体どうやってこの2つの式から1つの反応式を導き出せばいいのでしょう？　それにはまず，**授受する電子e⁻の数をそろえる**ことが必要です。

つまり，二クロム酸カリウムが失う電子e⁻の数は6つ，過酸化水素が受け取る電子e⁻の数は2つなのですが，この数をあわせるために，過酸化水素の半反応式の両辺を3倍するのです。

$$Cr_2O_7{}^{2-} + 14H^+ + 6e^- \longrightarrow 2Cr^{3+} + 7H_2O \quad \cdots\cdots (\,ⅰ\,) \leftarrow そのまま$$
$$3H_2O_2 \longrightarrow 3O_2 + 6H^+ + 6e^- \quad \cdots\cdots (\,ⅱ\,)' \leftarrow 電子e^-の数をそろえるために，$$
$$(\,ⅱ\,)式×3をした$$

（ⅰ）式と（ⅱ）′式を足し合わせるとイオン反応式の完成です。

$$Cr_2O_7{}^{2-} + 3H_2O_2 + 8H^+ \longrightarrow 2Cr^{3+} + 3O_2 + 7H_2O$$

あっ，
e⁻が消えた！

さあ，化学反応式を完成させるまで，あともう一歩ですよ。

POINT④　3つのステップで，酸化還元反応の化学反応式を完成させる！

できあがったイオン反応式を，化学反応式に直していきましょう。以下の3ステップを踏みます。

先ほどの，二クロム酸カリウムと過酸化水素を，硫酸酸性下で反応させた場合のイオン反応式を使ってやってみましょう。
イオン反応式は次のようになっていましたね。

$$Cr_2O_7{}^{2-} + 3H_2O_2 + 8H^+ \longrightarrow 2Cr^{3+} + 3O_2 + 7H_2O$$

ステップ①　「両辺に陽イオンを加える」

まずは，両辺に陽イオンを加えます。左辺の二クロム酸イオンはカリウム塩なので，両辺に$2K^+$を加えます。

$$\underline{K_2Cr_2O_7} + 3H_2O_2 + 8H^+ \longrightarrow 2Cr^{3+} + 3O_2 + 7H_2O + \underline{2K^+}$$
$$(Cr_2O_7{}^{2-} + 2K^+)$$

ステップ② 「両辺に陰イオンを加える」

次に、両辺に陰イオンを加えます。硫酸酸性下なので、両辺に$4SO_4^{2-}$を加えることで、左辺の$8H^+$を$4H_2SO_4$にします。

$$K_2Cr_2O_7 + 3H_2O_2 + \underline{4H_2SO_4} \longrightarrow 2Cr^{3+} + 3O_2 + 7H_2O + 2K^+ + \underline{4SO_4^{2-}}$$
$$\underset{(8H^+ + 4SO_4^{2-})}{}$$

ステップ③ 「残ったイオンで化合物を作る」

左辺はすべてのイオンが化合物になり、イオンでなくなりました。右辺も残ったイオンたちで化合物を作っていきます。

まずは$2Cr^{3+}$を化合物にするために、$3SO_4^{2-}$と反応させましょう。すると、$Cr_2(SO_4)_3$となりますね。あとは、残った$2K^+$とSO_4^{2-}で化合物（K_2SO_4）を作れば、完成です。

$$K_2Cr_2O_7 + 3H_2O_2 + 4H_2SO_4 \longrightarrow \underset{(2Cr^{3+}+3SO_4^{2-})}{Cr_2(SO_4)_3} + 3O_2 + 7H_2O + \underset{(2K^+ + SO_4^{2-})}{K_2SO_4}$$

完成！

できた！

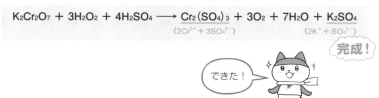

酸化剤・還元剤の反応前後の変化を覚えて、半反応式 → イオン反応式 → 化学反応式と導くやりかたが身についていれば、以下の酸化還元反応の反応式はすべて自分で導き出すことができるはずです。できるようになっているか確認しましょう。

◎ ここで確認！「酸化還元反応」の反応式

酸化剤が MnO_4^- の酸化還元反応
✓ $2KMnO_4 + 5H_2O_2 + 3H_2SO_4 \xrightarrow{\text{硫酸酸性}} K_2SO_4 + 2MnSO_4 + 5O_2 + 8H_2O$ 過マンガン酸カリウム　　　　　　　　　　硫酸カリウム　硫酸マンガン（Ⅱ）
✓ $2KMnO_4 + 5(COOH)_2 + 3H_2SO_4$ 　　　　　　シュウ酸 $\xrightarrow{\text{硫酸酸性}} K_2SO_4 + 2MnSO_4 + 10CO_2 + 8H_2O$
✓ $2KMnO_4 + 5SO_2 + 2H_2O \xrightarrow{\text{硫酸酸性}} K_2SO_4 + 2MnSO_4 + 2H_2SO_4$
✓ $2KMnO_4 + 3H_2O_2 \longrightarrow 2KOH + 2MnO_2 + 3O_2 + 2H_2O$ 　　　　　　　　　　　水酸化カリウム　酸化マンガン（Ⅳ）

	酸化剤がMnO₂の酸化還元反応　（$MnO_2 \rightarrow Mn^{2+}$）
✓	$MnO_2 + 4HCl \xrightarrow[\text{加熱}]{\text{硫酸酸性}} MnCl_2 + Cl_2 + 2H_2O$ 酸化マンガン(Ⅳ)　濃塩酸　　　　塩化マンガン(Ⅱ)
✓	$MnO_2 + 2HBr + H_2SO_4 \xrightarrow{\text{硫酸酸性}} MnSO_4 + 2H_2O + Br_2$ 　　　　臭化水素　　　　　　　　　　　　　　　　　　臭素
✓	$MnO_2 + 2KBr + 3H_2SO_4 \xrightarrow{\text{硫酸酸性}} 2KHSO_4 + MnSO_4 + Br_2 + 2H_2O$ 　　　　臭化カリウム　　　　　　　　硫酸水素カリウム
✓	$MnO_2 + 2HI + H_2SO_4 \xrightarrow{\text{硫酸酸性}} MnSO_4 + 2H_2O + I_2$ 　　　　ヨウ化水素　　　　　　　　　　　　　　　　　　ヨウ素
✓	$MnO_2 + 2KI + 3H_2SO_4 \xrightarrow{\text{硫酸酸性}} 2KHSO_4 + MnSO_4 + I_2 + 2H_2O$ 　　　　ヨウ化カリウム
✓	$MnO_2 + H_2O_2 + H_2SO_4 \xrightarrow{\text{硫酸酸性}} MnSO_4 + 2H_2O + O_2$ 　　　　過酸化水素

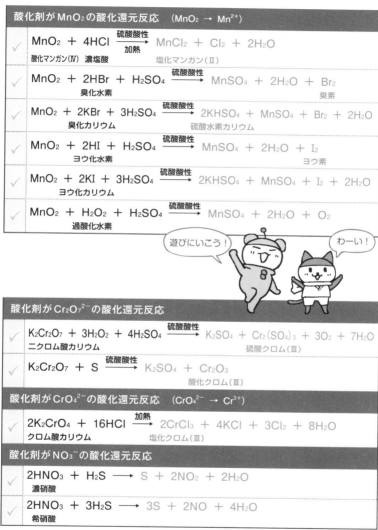

遊びにいこう！　　わーい！

	酸化剤が$Cr_2O_7{}^{2-}$の酸化還元反応
✓	$K_2Cr_2O_7 + 3H_2O_2 + 4H_2SO_4 \xrightarrow{\text{硫酸酸性}} K_2SO_4 + Cr_2(SO_4)_3 + 3O_2 + 7H_2O$ ニクロム酸カリウム　　　　　　　　　　　　　硫酸クロム(Ⅲ)
✓	$K_2Cr_2O_7 + S \xrightarrow{\text{硫酸酸性}} K_2SO_4 + Cr_2O_3$ 　　　　　　　　　　　　　　　　酸化クロム(Ⅲ)

	酸化剤が$CrO_4{}^{2-}$の酸化還元反応　（$CrO_4{}^{2-} \rightarrow Cr^{3+}$）
✓	$2K_2CrO_4 + 16HCl \xrightarrow{\text{加熱}} 2CrCl_3 + 4KCl + 3Cl_2 + 8H_2O$ クロム酸カリウム　　　　　塩化クロム(Ⅲ)

	酸化剤が$NO_3{}^{-}$の酸化還元反応
✓	$2HNO_3 + H_2S \longrightarrow S + 2NO_2 + 2H_2O$ 濃硝酸
✓	$2HNO_3 + 3H_2S \longrightarrow 3S + 2NO + 4H_2O$ 希硝酸

やだー　　勉強せんか

50

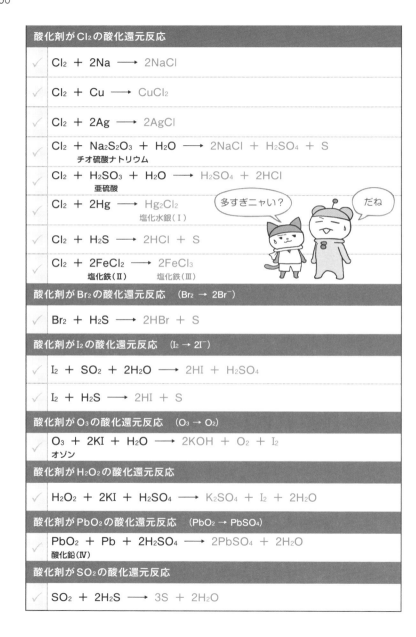

酸化剤がCl₂の酸化還元反応

✓	$Cl_2 + 2Na \longrightarrow 2NaCl$
✓	$Cl_2 + Cu \longrightarrow CuCl_2$
✓	$Cl_2 + 2Ag \longrightarrow 2AgCl$
✓	$Cl_2 + Na_2S_2O_3 + H_2O \longrightarrow 2NaCl + H_2SO_4 + S$ チオ硫酸ナトリウム
✓	$Cl_2 + H_2SO_3 + H_2O \longrightarrow H_2SO_4 + 2HCl$ 亜硫酸
✓	$Cl_2 + 2Hg \longrightarrow Hg_2Cl_2$ 塩化水銀(Ⅰ)
✓	$Cl_2 + H_2S \longrightarrow 2HCl + S$
✓	$Cl_2 + 2FeCl_2 \longrightarrow 2FeCl_3$ 塩化鉄(Ⅱ) 塩化鉄(Ⅲ)

多すぎニャい？　だね

酸化剤がBr₂の酸化還元反応　($Br_2 \to 2Br^-$)

✓	$Br_2 + H_2S \longrightarrow 2HBr + S$

酸化剤がI₂の酸化還元反応　($I_2 \to 2I^-$)

✓	$I_2 + SO_2 + 2H_2O \longrightarrow 2HI + H_2SO_4$
✓	$I_2 + H_2S \longrightarrow 2HI + S$

酸化剤がO₃の酸化還元反応　($O_3 \to O_2$)

✓	$O_3 + 2KI + H_2O \longrightarrow 2KOH + O_2 + I_2$ オゾン

酸化剤がH₂O₂の酸化還元反応

✓	$H_2O_2 + 2KI + H_2SO_4 \longrightarrow K_2SO_4 + I_2 + 2H_2O$

酸化剤がPbO₂の酸化還元反応　($PbO_2 \to PbSO_4$)

✓	$PbO_2 + Pb + 2H_2SO_4 \longrightarrow 2PbSO_4 + 2H_2O$ 酸化鉛(Ⅳ)

酸化剤がSO₂の酸化還元反応

✓	$SO_2 + 2H_2S \longrightarrow 3S + 2H_2O$

2-3 金属と塩基の反応

2-3① 金属イオンと塩基の反応

POINT ① 8つの金属に注目する！

「金属イオン＋塩基」の反応について見てみましょう。この反応で対象となる金属イオンは，次の8つです。

| Al^{3+} | Zn^{2+} | Sn^{2+} | Pb^{2+} | Fe^{3+} | Fe^{2+} | Cu^{2+} | Ag^+ |

これは「両性元素＋Fe，Cu，Ag」で覚えてもよいですが，次のゴロで覚えてもよいでしょう。

ゴロで覚えよう

POINT② 塩基は，アンモニア水NH₃，水酸化ナトリウム水溶液NaOHを考える！

これらの金属との反応で考えるべき塩基というのは，**アンモニア水NH₃と水酸化ナトリウム水溶液NaOH**です。ただし，加える量によって起こる反応が違ってきます。

POINT③ 金属イオン＋塩基（少量）＝金属水酸化物＋塩となる！

アンモニアだろうが水酸化ナトリウムだろうが，**「少量加える」と言われたら「OH⁻を少量加える」ということを意味**します。その結果，金属水酸化物の沈殿と塩を生じます（Agだけは例外として酸化銀と塩を生じます）。

【1】水酸化ナトリウム水溶液：少量

 $AlCl_3$ ＋ $3NaOH$ ⟶ $Al(OH)_3$ ＋ $3NaCl$

金属イオン※ 　少量の　　　　金属水酸化物　　　　塩
　　　　　　水酸化ナトリウム

【2】アンモニア水：少量

 $AlCl_3$ ＋ $3NH_3$ ＋ $3H_2O$ ⟶ $Al(OH)_3$ ＋ $3NH_4Cl$

金属イオン※ 　少量の　　　水　　　　金属水酸化物　　　　塩
　　　　　アンモニア

（金属イオンと塩基（少量）が反応すると，金属水酸化物と塩が生成する。）

※ $AlCl_3$ は水中ですべて Al^{3+} に電離するため，金属イオンと表記します。

少量加える場合は
NaOH水溶液でも
NH₃水でも
同じように考えていいんだね

うむ
金属水酸化物の
沈殿と塩ができるぞい

◎ ここで覚えたい!「金属イオン＋塩基(少量)」の反応式

✓	$AlCl_3 + 3NaOH \longrightarrow Al(OH)_3 + 3NaCl$ 塩化アルミニウム　　　　　　水酸化アルミニウム(白色ゲル状沈殿)
✓	$AlCl_3 + 3NH_3 + 3H_2O \longrightarrow Al(OH)_3 + 3NH_4Cl$ 　　　　　　　　　　　　　　　　　　　塩化アンモニウム
✓	$ZnCl_2 + 2NaOH \longrightarrow Zn(OH)_2 + 2NaCl$ 塩化亜鉛　　　　　　　　水酸化亜鉛(白色ゲル状沈殿)
✓	$ZnCl_2 + 2NH_3 + 2H_2O \longrightarrow Zn(OH)_2 + 2NH_4Cl$
✓	$PbCl_2 + 2NaOH \longrightarrow Pb(OH)_2 + 2NaCl$ 塩化鉛(II)　　　　　　　水酸化鉛(II)(白色沈殿)
✓	$PbCl_2 + 2NH_3 + 2H_2O \longrightarrow Pb(OH)_2 + 2NH_4Cl$
✓	$2AgNO_3 + 2NaOH \longrightarrow Ag_2O + 2NaNO_3 + H_2O$ 硝酸銀　　　　　　　酸化銀(褐色沈殿)　硝酸ナトリウム
✓	$2AgNO_3 + 2NH_3 + H_2O \longrightarrow Ag_2O + 2NH_4NO_3$ 　　　　　　　　　　　　　　　　　硝酸アンモニウム
✓	$FeCl_2 + 2NaOH \longrightarrow Fe(OH)_2 + 2NaCl$ 塩化鉄(II)　　　　　　水酸化鉄(II)(緑白色沈殿)
✓	$FeCl_2 + 2NH_3 + 2H_2O \longrightarrow Fe(OH)_2 + 2NH_4Cl$
✓	$FeSO_4 + 2NaOH \longrightarrow Fe(OH)_2 + Na_2SO_4$ 硫酸鉄(II)　　　　　　　硫酸ナトリウム
✓	$CuCl_2 + 2NaOH \longrightarrow Cu(OH)_2 + 2NaCl$ 塩化銅(II)　　　　　　水酸化銅(II)(青白色沈殿)
✓	$CuCl_2 + 2NH_3 + 2H_2O \longrightarrow Cu(OH)_2 + 2NH_4Cl$
✓	$CuSO_4 + 2NaOH \longrightarrow Cu(OH)_2 + Na_2SO_4$ 硫酸銅(II)
✓	$SnCl_2 + 2NaOH \longrightarrow Sn(OH)_2 + 2NaCl$ 塩化スズ(II)　　　　　　水酸化スズ(II)(白色沈殿)
✓	$SnCl_4 + 4NaOH \longrightarrow Sn(OH)_4 + 4NaCl$ 塩化スズ(IV)　　　　　　水酸化スズ(IV)(白色ゲル状沈殿)

たくさんあるけど,
ルールはたった1つ!

POINT④ 金属イオンに水酸化ナトリウム水溶液（過剰量）を加えると，両性元素の場合だけ水に溶けるようになる！

【3】 水酸化ナトリウム水溶液：過剰量

・金属水酸化物に，過剰量の水酸化ナトリウム水溶液を加える場合

> **例**
> $\underline{Al(OH)_3}$ ＋ $\underline{NaOH}$ ⟶ $\underline{Na[Al(OH)_4]}$
> 金属水酸化物　　水酸化ナトリウム　　　　錯塩
>
> （金属水酸化物に水酸化ナトリウムを加えると，
> 錯イオンとなって溶ける（両性元素のみ）。）

金属イオンに水酸化ナトリウム水溶液を少量加えることによって金属水酸化物の沈殿が生じているのですが，そこにさらに水酸化ナトリウム水溶液を加えると，**両性元素**のみ，それぞれ $[Al(OH)_4]^-$，$[Zn(OH)_4]^{2-}$，$[Sn(OH)_4]^{2-}$，$[Sn(OH)_6]^{2-}$，$[Pb(OH)_4]^{2-}$となり，水に再び溶けます。

◎ ここで覚えたい！「金属水酸化物＋NaOH（過剰量）」の反応式

✓	$Al(OH)_3 ＋ NaOH ⟶ Na[Al(OH)_4]$ 　　　　　　　テトラヒドロキシドアルミン酸ナトリウム
✓	$Zn(OH)_2 ＋ 2NaOH ⟶ Na_2[Zn(OH)_4]$ 　　　　　　　　テトラヒドロキシド亜鉛(Ⅱ)酸ナトリウム
✓	$Sn(OH)_2 ＋ 2NaOH ⟶ Na_2[Sn(OH)_4]$ 水酸化スズ(Ⅱ)　　テトラヒドロキシドスズ(Ⅱ)酸ナトリウム
✓	$Sn(OH)_4 ＋ 2NaOH ⟶ Na_2[Sn(OH)_6]$ 水酸化スズ(Ⅳ)　　ヘキサヒドロキシドスズ(Ⅳ)酸ナトリウム
✓	$Pb(OH)_2 ＋ 2NaOH ⟶ Na_2[Pb(OH)_4]$ 　　　　　　　テトラヒドロキシド鉛(Ⅱ)酸ナトリウム

> **両性元素の覚えかた**…Al，Zn，Sn，Pb
> 　　　　　　（ あ　　あ　　スン　ナリ ）
>
> 「ああ，スンナリ仲良くなれる！」
>
>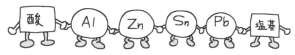

・金属イオンに直接，過剰量の水酸化ナトリウム水溶液を加える場合

先ほどのように「少量の水酸化ナトリウム水溶液を加えて沈殿ができたあとに，さらに水酸化ナトリウム水溶液を加えたとき」だけでなく，「金属イオンに直接，過剰量の水酸化ナトリウム水溶液を加えたとき」の反応式も覚える必要があります。

 例

$$\underline{AlCl_3} + \underline{4NaOH} \longrightarrow \underline{Na[Al(OH)_4]} + 3NaCl$$

金属イオン　　過剰量の　　　　　　錯塩
　　　　　　水酸化ナトリウム

◎ ここで覚えたい！「金属イオン＋NaOH（過剰量）」の反応式

✓	$AlCl_3 + 4NaOH \longrightarrow Na[Al(OH)_4] + 3NaCl$ 塩化アルミニウム
✓	$Al_2(SO_4)_3 + 8NaOH \longrightarrow 2Na[Al(OH)_4] + 3Na_2SO_4$ 硫酸アルミニウム
✓	$ZnCl_2 + 4NaOH \longrightarrow Na_2[Zn(OH)_4] + 2NaCl$ 塩化亜鉛
✓	$PbCl_2 + 4NaOH \longrightarrow Na_2[Pb(OH)_4] + 2NaCl$ 塩化鉛(Ⅱ)

POINT ⑤ 金属イオンにアンモニア水（過剰量）を加えると，Cu^{2+}，Ag^+，Zn^{2+} の場合だけ水に溶けるようになる。

【4】アンモニア水：過剰量

・金属水酸化物に，過剰量のアンモニア水を加える場合

 例

$$\underline{Zn(OH)_2} + \underline{4NH_3} \longrightarrow \underline{[Zn(NH_3)_4]^{2+}} + \underline{2OH^-}$$

金属水酸化物　過剰量のアンモニア　　錯イオン　　水酸化物イオン

金属イオンにアンモニア水を少量加えることによって金属水酸化物の沈殿が生じることはすでに勉強しましたが，そこにさらにアンモニア水を加えてみます。すると，OH^- よりも NH_3 と結合しやすい金属イオンの場合，OH^- を追い出して NH_3 と配位結合して錯イオンとなり，水に溶けます。

そのようなイオンは，Cu^{2+}，Ag^+，Zn^{2+} で，それぞれ，$[Cu(NH_3)_4]^{2+}$，$[Ag(NH_3)_2]^+$，$[Zn(NH_3)_4]^{2+}$ という錯イオンになります。

過剰に与えると…!!

◎ ここで覚えたい！「金属水酸化物＋アンモニア水（過剰量）」の反応式

✓	$Cu(OH)_2 + 4NH_3 \longrightarrow [Cu(NH_3)_4]^{2+} + 2OH^-$
	水酸化銅(II)　　　　テトラアンミン銅(II)イオン(深青色溶液)
✓	$Ag_2O + 4NH_3 + H_2O \longrightarrow 2[Ag(NH_3)_2]^+ + 2OH^-$
	酸化銀　　　　　　ジアンミン銀(I)イオン(無色溶液)
✓	$Zn(OH)_2 + 4NH_3 \longrightarrow [Zn(NH_3)_4]^{2+} + 2OH^-$
	水酸化亜鉛　　　　テトラアンミン亜鉛(II)イオン(無色溶液)

・金属イオンに直接，過剰量のアンモニア水を加える場合

前述のような「少量のアンモニア水を加えて沈殿ができたあとに，さらにアンモニア水を加えたとき」だけでなく，「金属イオンに直接，過剰量のアンモニア水を加えたとき」の反応式も覚えましょう。

例　$\underline{ZnCl_2} + \underline{4NH_3} \longrightarrow \underline{[Zn(NH_3)_4]^{2+}} + \underline{2Cl^-}$
　　金属イオン　過剰量のアンモニア　　　錯イオン　　　陰イオン

◎ ここで覚えたい！「金属イオン＋アンモニア水（過剰量）」の反応式

✓	$ZnCl_2 + 4NH_3 \longrightarrow [Zn(NH_3)_4]^{2+} + 2Cl^-$
	塩化亜鉛
✓	$Zn(NO_3)_2 + 4NH_3 \longrightarrow [Zn(NH_3)_4]^{2+} + 2NO_3^-$
	硝酸亜鉛　　　　　　　　　　　　　硝酸イオン
✓	$AgNO_3 + 2NH_3 \longrightarrow [Ag(NH_3)_2]^+ + NO_3^-$
	硝酸銀
✓	$CuCl_2 + 4NH_3 \longrightarrow [Cu(NH_3)_4]^{2+} + 2Cl^-$
	塩化銅(II)

POINT ⑥ ゴロで覚えよう！

【3】，【4】で出てきた「過剰に加えると溶けるイオン」は覚える必要があります。丸暗記するのではなく，次のようにまとめてイラストと一緒にゴロで覚えてしまいましょう。

ゴロで覚えよう

2-3② 金属酸化物＋強塩基

 例

$$\underline{ZnO} + \underline{2NaOH} + \underline{H_2O} \longrightarrow \underline{Na_2[Zn(OH)_4]}$$

金属酸化物　　　　強塩基　　　　水　　　　　　　　錯塩

（金属酸化物（両性金属のみ）は，強塩基と反応をして，錯塩を生成する。）

POINT **両性金属の酸化物は，水酸化ナトリウムと反応する！**

両性酸化物だけは，水酸化ナトリウム水溶液を加えると※，錯イオンが生成します。
※「水酸化ナトリウム水溶液を加える」というのは，通常「反応に十分な量（＝過剰量）を加える」ということを意味します。

◎ ここで覚えたい！「金属酸化物＋NaOH」の反応式

✓	$Al_2O_3 + 2NaOH + 3H_2O \longrightarrow 2Na[Al(OH)_4]$ 　酸化アルミニウム（アルミナ）　　　　テトラヒドロキシドアルミン酸ナトリウム
✓	$ZnO + 2NaOH + H_2O \longrightarrow Na_2[Zn(OH)_4]$ 　酸化亜鉛　　　　　　　　　テトラヒドロキシド亜鉛(Ⅱ)酸ナトリウム
✓	$PbO + 2NaOH + H_2O \longrightarrow Na_2[Pb(OH)_4]$ 　酸化鉛(Ⅱ)　　　　　　　　テトラヒドロキシド鉛(Ⅱ)酸ナトリウム

 補足　p.54では「金属水酸化物に水酸化ナトリウム水溶液を加える」という操作について扱いました。その場合の反応式と上の反応式をよく見比べ，セットで覚えましょう。

◎ ここで復習！「金属水酸化物＋NaOH」の反応式

✓	$Al(OH)_3 + NaOH \longrightarrow Na[Al(OH)_4]$
✓	$Zn(OH)_2 + 2NaOH \longrightarrow Na_2[Zn(OH)_4]$
✓	$Sn(OH)_2 + 2NaOH \longrightarrow Na_2[Sn(OH)_4]$
✓	$Sn(OH)_4 + 2NaOH \longrightarrow Na_2[Sn(OH)_6]$
✓	$Pb(OH)_2 + 2NaOH \longrightarrow Na_2[Pb(OH)_4]$

2-3 ③ 金属単体＋強塩基

例	$\underline{Zn}$ + $2\underline{NaOH}$ + $2\underline{H_2O}$ ⟶ $\underline{Na_2[Zn(OH)_4]}$ + $\underline{H_2}$
	金属単体　　　　強塩基　　　　水　　　　　　　錯塩　　　　　水素

（両性金属は，強塩基と反応し，錯塩と水素を生成する。）

POINT　水素が発生する！

金属水酸化物や金属酸化物と同様，両性金属のみ，強塩基と反応して錯イオンを生成します。水素が発生していることに注意しましょう。

◎ ここで覚えたい！「金属単体＋NaOH」の反応式

✓	$2Al$ + $2NaOH$ + $6H_2O$ ⟶ $2Na[Al(OH)_4]$ + $3H_2$
✓	Zn + $2NaOH$ + $2H_2O$ ⟶ $Na_2[Zn(OH)_4]$ + H_2
✓	Pb + $2NaOH$ + $2H_2O$ ⟶ $Na_2[Pb(OH)_4]$ + H_2

以上が，金属と塩基との反応です。しっかり整理できましたか？

ここまでは
バッチリじゃな！

う, うん……

も, もちろんだニャン……

2-4 | 金属と酸の反応

2-4① 金属単体＋酸

> 例
>
> $$2K + 2HCl \longrightarrow 2KCl + H_2$$
> 金属単体　　酸　　　　　　塩　　水素
>
> （水素 H_2 よりイオン化傾向の大きい金属と酸が反応すると，塩と水素が生成する。）

POINT　**水素 H_2 よりイオン化傾向の大きい金属は基本的に酸と反応する！**

イオン化傾向というのは「金属がイオンになりたがる性質」です。そして，「イオンになりたがっている順」に元素を並べたものを，**金属のイオン化列**といいます。イオン化列の左にある元素ほど，イオン化傾向が大きく，イオンになりたがっているということです。

◆金属のイオン化列

$$\underline{Li > K > Ca > Na > Mg > Al > Zn > Fe > Ni > Sn > Pb}$$
$$> (H_2) > Cu > Hg > Ag > Pt > Au$$

H_2 よりもイオン化傾向が大きい金属単体が H^+ と出合うと，金属単体はよりイオンになりたがるため金属イオンになります。一方，H^+ は H_2 になります（つまり，水素を発生するということです）。

◎ ここで覚えたい！「金属単体＋酸」の反応式　〜イオン化傾向の大きい順〜

✓	$2K + 2HCl \longrightarrow 2KCl + H_2$
✓	$Ca + 2HCl \longrightarrow CaCl_2 + H_2$
✓	$2Na + 2HCl \longrightarrow 2NaCl + H_2$
✓	$Mg + 2HNO_3 \longrightarrow Mg(NO_3)_2 + H_2$ 硝酸マグネシウム
✓	$2Al + 6HCl \longrightarrow 2AlCl_3 + 3H_2$ 塩化アルミニウム
✓	$2Al + 3H_2SO_4 \longrightarrow Al_2(SO_4)_3 + 3H_2$ 硫酸アルミニウム

	$Zn + H_2SO_4 \longrightarrow ZnSO_4 + H_2$ 硫酸亜鉛
	$Fe + 2HCl \longrightarrow FeCl_2 + H_2$ 塩化鉄(II)
	$Fe + H_2SO_4 \longrightarrow FeSO_4 + H_2$ 硫酸鉄(II)
	$Sn + 2HCl \longrightarrow SnCl_2 + H_2$ 塩化スズ(II)

> **補足** POINTの説明は「水素H_2よりイオン化傾向の大きい金属は"基本的に"酸と反応する！」となっていますね。"基本的に"という言いかたをしているのは，例外があるからです。H_2よりイオン化傾向の大きいAl，Fe，Niは，濃硝酸や熱濃硫酸と反応させると金属の表面に緻密な酸化被膜を作り，それ以上反応が進まなくなってしまうのです。この状態を不動態といいます。

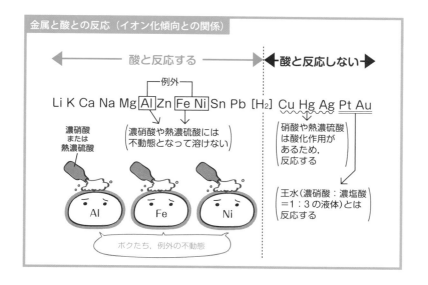

2-4② 金属単体＋水

> **例**
>
> $$2Na \quad + \quad 2H_2O \quad \longrightarrow \quad 2NaOH \quad + \quad H_2$$
>
> 金属単体 　　　水 　　　　　　塩基（金属水酸化物）　水素
>
> （イオン化傾向の大きいLi, K, Ca, Naは常温で水と反応し,
> 　塩基（金属水酸化物）と水素を生成する。）

> **例**
>
> $$Mg \quad + \quad H_2O \quad \longrightarrow \quad MgO \quad + \quad H_2$$
>
> 金属単体 　　水（熱水） 　　　金属酸化物 　　水素
>
> （イオン化傾向が比較的小さいMgは熱水と, Al, Zn, Feは
> 　高温の水蒸気と反応し, 金属酸化物と水素を生成する。）

POINT① 金属によって,「反応する水の温度」「生成物」が異なる！

H_2 よりもイオン化傾向の大きい金属単体は水と反応することがあり, H_2O が H_2 になります。金属単体が金属イオンになる一方, H^+ は分子の H_2 になります。金属によって, 反応する水の温度, 生成物が異なるので注意が必要です。

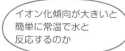

イオン化傾向が大きいと
簡単に常温で水と
反応するのか

クマのくせに
マトモなことを…

POINT ② イオン化傾向が大きいLi，K，Ca，Naは常温の水でも溶け，金属水酸化物と水素を生成する！

イオン化傾向の大きいLi，K，Ca，Naは，常温の水にも溶け，**金属水酸化物**と**水素**を生成します。

◆イオン化列

$$Li>K>Ca>Na>Mg>Al>Zn>Fe>Ni>Sn>Pb$$
　　POINT②　　　　　　POINT③

$$>(H_2)>Cu>Hg>Ag>Pt>Au$$

◎ここで覚えたい！「金属単体＋水」の反応式①

✓	$2K + 2H_2O \longrightarrow 2KOH + H_2$
✓	$Ca + 2H_2O \longrightarrow Ca(OH)_2 + H_2$
✓	$2Na + 2H_2O \longrightarrow 2NaOH + H_2$

POINT ③ イオン化傾向が比較的小さいMgは熱水と，Al，Zn，Feは高温の水蒸気にすると反応し，金属酸化物と水素を生成する！

H_2よりもイオン化傾向は大きいですが，Li，K，Ca，Naよりイオン化傾向の小さいMg，Al，Zn，Feは，常温の水とは反応しませんが，高温の水蒸気にすると反応します（Mgは熱水と反応します）。その際，生成するのは**金属酸化物**と**水素**です。

◎ここで覚えたい！「金属単体＋水」の反応式②

✓	$Mg + H_2O \longrightarrow MgO + H_2$ （熱水）
✓	$2Al + 3H_2O \longrightarrow Al_2O_3 + 3H_2$ （高温の水蒸気）酸化アルミニウム（アルミナ）
✓	$Zn + H_2O \longrightarrow ZnO + H_2$ （高温の水蒸気）
✓	$3Fe + 4H_2O \longrightarrow Fe_3O_4 + 4H_2$ （高温の水蒸気）　四酸化三鉄

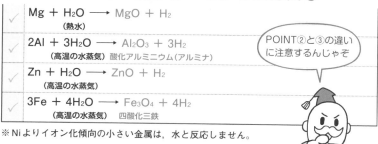

POINT②と③の違いに注意するんじゃぞ

※ Niよりイオン化傾向の小さい金属は，水と反応しません。

2-4 ③ 金属単体＋酸化力のある酸

 例　$\underline{Cu}$ ＋ $\underline{4HNO_3}$ ⟶ $\underline{Cu(NO_3)_2}$ ＋ $\underline{2NO_2}$ ＋ $\underline{2H_2O}$

　　　　金属単体　　酸化力のある酸　　　　塩　　　SO₂やNO, NO₂　　水

（H_2 よりもイオン化傾向の小さい金属単体と酸化力のある酸が反応すると，
H_2 ではない気体（二酸化硫黄 SO_2，一酸化窒素 NO，二酸化窒素 NO_2）と塩，水が生成する。）

POINT ① H_2 よりイオン化傾向の小さい金属も，酸化力のある酸とは反応する！

H_2 よりもイオン化傾向の小さい金属は，基本的に酸と反応しません。しかし，H_2SO_4（**熱濃硫酸**），HNO_3（**希硝酸**，**濃硝酸**）などのような酸化力のある酸との場合には反応することがあります。

◆イオン化列

$Li > K > Ca > Na > Mg > Al > Zn > Fe > Ni > Sn > Pb$
$> (H_2) > \underline{Cu > Hg > Ag} > Pt > Au$

POINT ② 水素 H_2 ではない気体（SO_2, NO, NO_2 など）が生成する！

これらの酸と，水素よりもイオン化傾向の小さい金属が反応する場合，次にまとめたように，H_2 ではない気体（SO_2 や NO，NO_2 など）と塩，そして水が生成します。H^+ が反応しているわけではないので，H_2 が発生しないのです。

◎ ここで覚えたい！「金属単体＋酸化力のある酸」の反応式

✓	$Cu + 2H_2SO_4 \longrightarrow CuSO_4 + SO_2 + 2H_2O$ 　　　**熱濃硫酸**　　　　硫酸銅(Ⅱ)
✓	$3Cu + 8HNO_3 \longrightarrow 3Cu(NO_3)_2 + 2NO + 4H_2O$ 　　　**希硝酸**　　　　硝酸銅(Ⅱ)
✓	$Cu + 4HNO_3 \longrightarrow Cu(NO_3)_2 + 2NO_2 + 2H_2O$ 　　　**濃硝酸**
✓	$2Ag + 2H_2SO_4 \longrightarrow Ag_2SO_4 + SO_2 + 2H_2O$ 　　　　　　　　　　硫酸銀
✓	$3Ag + 4HNO_3 \longrightarrow 3AgNO_3 + NO + 2H_2O$ 　　　**希硝酸**　　　　硝酸銀
✓	$Ag + 2HNO_3 \longrightarrow AgNO_3 + NO_2 + H_2O$ 　　　**濃硝酸**

2-4 ④ イオン化傾向の違いを利用した反応

例	$\underline{Pb^{2+}}$	$+$	$\underline{Zn}$	$\xrightarrow{\text{加熱}}$	$\underline{Pb}$	$+$	$\underline{Zn^{2+}}$
	イオン化傾向の 小さい金属イオン		イオン化傾向の 大きい金属単体		イオン化傾向の 小さい金属単体		イオン化傾向の 大きい金属イオン

（イオン化傾向の小さい金属イオンは，イオン化傾向のより大きい金属単体と反応する。）

POINT ① イオン化傾向とは「イオンになりたさ」のこと！

イオン化傾向が小さい＝より単体に戻りたい金属
イオン化傾向が大きい＝よりイオンになりたい金属　です。

POINT ② イオン化傾向の小さい金属酸化物と，イオン化傾向の大きい金属単体は反応する！

イオン化傾向の小さい金属酸化物を，イオン化傾向のより大きい金属単体と混ぜて高温で加熱すると，イオン化傾向が小さいほうの金属単体が遊離します。

◎ ここで覚えたい！ イオン化傾向の違いを利用した反応式①

✓	$Al_2O_3 + 6Na \xrightarrow{\text{加熱}} 2Al + 3Na_2O$ 酸化アルミニウム(アルミナ)　　　酸化ナトリウム	イオン反応式：$2Al^{3+} + 6Na$ $\longrightarrow 2Al + 6Na^+$
✓	$Fe_2O_3 + 2Al \xrightarrow{\text{加熱}} 2Fe + Al_2O_3$ 酸化鉄(Ⅲ)	イオン反応式：$2Fe^{3+} + 2Al$ $\longrightarrow 2Fe + 2Al^{3+}$

イオン化傾向が
大きいほうが
イオンになってる！

POINT ③ イオン化傾向の小さい金属イオンと，イオン化傾向の大きい金属単体は反応する！

イオン化傾向の小さい金属イオンを含む水溶液に，イオン化傾向の大きい金属単体を浸すと，イオン化傾向が小さいほうの金属単体が析出します。一方のイオン化傾向が大きい金属は，イオンとして溶け出します。

◎ ここで覚えたい! イオン化傾向の違いを利用した反応式②

✓	$Pb(NO_3)_2 + Zn \longrightarrow Pb + Zn(NO_3)_2$ 硝酸鉛(Ⅱ) 　　　　　　　　　硝酸亜鉛	イオン反応式：$Pb^{2+} + Zn$ $\longrightarrow Pb + Zn^{2+}$
✓	$2AgNO_3 + Cu \longrightarrow 2Ag + Cu(NO_3)_2$ 硝酸銀 　　　　　　　　硝酸銅(Ⅱ)	イオン反応式：$2Ag^+ + Cu$ $\longrightarrow 2Ag + Cu^{2+}$
✓	$Ag_2S + Hg \longrightarrow 2Ag + HgS$ 硫化銀 　　　　　　硫化水銀(Ⅱ)	イオン反応式：$2Ag^+ + Hg$ $\longrightarrow 2Ag + Hg^{2+}$
✓	$CuCl_2 + Fe \longrightarrow Cu + FeCl_2$ 塩化銅(Ⅱ) 　　　　　　塩化鉄(Ⅱ)	イオン反応式：$Cu^{2+} + Fe$ $\longrightarrow Cu + Fe^{2+}$

このように銅が析出してくるんじゃ

$CuCl_2$

Fe^{2+}

表面に付着したCu

2-5 | 電池

2-5① 電池とは？

POINT 電池は，金属のイオン化傾向の違いを利用して電気を取り出している！

前ページでは，イオン化傾向を利用した反応について紹介しました。このような反応がどうして起こるのかというと，イオン化傾向の異なる2つの金属どうしが金属の表面で直接**電子**のやり取りをしているからです。

では，ある金属Aと，これよりもイオン化傾向の小さい金属Bを**電解質**の水溶液に浸し，導線でつなぐと，どのようなことが起こるでしょう。

このとき，イオン化傾向の大きい金属Aがイオン化し，生じた電子e⁻は導線を通り，金属Bに移動します。この電子の移動が電流の正体です。

金属Bの表面では，移動してきた電子e⁻を水溶液中の陽イオンが受け取ります。

この装置（しくみ）を**電池**と呼んでいます。

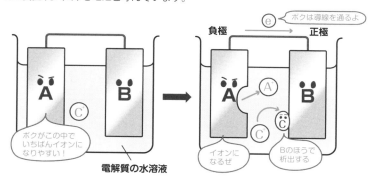

電解質の水溶液

Aがイオン化し，電子が導線内を流れて，C⁺が対極で電子を受け取る。⇒ 電 池

原子どうしの電子のやり取りが，電池の原理になっていたのですね。

電子を導線へ送り出す電極（金属A）を**負極**といい，電子を導線から受け取る電極（金属B）を**正極**といいます。

電池の負極では，原子が電子を放出して陽イオンになるので，酸化数が増加します。つまり**酸化反応**が起きています。

一方，電池の正極では，陽イオンが移動してきた電子を受け取って原子になるので，酸化数が減少します。つまり，**還元反応**が起きているのです。

この電池のしくみを頭に入れて，次に進みましょう。

2-5 ② ボルタ電池

$$(-)\ Zn \longrightarrow Zn^{2+} + 2e^-$$
$$(+)\ 2H^+ + 2e^- \longrightarrow H_2$$

（負極：Zn が Zn^{2+} になり，電子が放出される。
正極：電解質溶液中の H^+ が電子を受け取り，水素 H_2 が発生する。）

POINT ① イオン化傾向が $Zn > Cu$ なので，Zn は Zn^{2+} となって電子を放出する（負極である）！

最も原始的な電池が，**ボルタ電池**です。亜鉛板（Zn）と銅板（Cu）を希硫酸 H_2SO_4 に浸して電気を取り出します。亜鉛と銅では，亜鉛のほうがイオン化傾向が大きいので，亜鉛板が負極となります。

POINT ② 流れた電子は希硫酸中の H^+ に受け取られ，H_2 が発生する！

亜鉛板を希硫酸に浸すだけでは，亜鉛 Zn のほうが水素イオン（H^+）よりもイオン化傾向が大きいため，亜鉛が亜鉛イオンとして希硫酸中に溶け出し，電子が亜鉛中にたまった状態となります。そこに導線をつないで銅板を浸すと，電子は銅板に流れます。そして，銅板の表面で水素イオンが電子を受け取り，気体の水素となるのです。

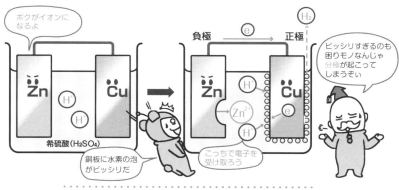

Zn がイオン化し（Zn^{2+}），e^- は導線を通り銅板へ移動。
銅板で溶液内の H^+ が e^- を受け取り，H_2 になる。

◎ ここで覚えたい！ **ボルタ電池の反応式**

✓	(−) $Zn \longrightarrow Zn^{2+} + 2e^-$　（酸化反応）
✓	(＋) $2H^+ + 2e^- \longrightarrow H_2$　（還元反応）
✓	(**電池全体**) $Zn + 2H^+ \longrightarrow Zn^{2+} + H_2$　（酸化還元反応）

補足 このボルタ電池，実はすぐに電流が流れなくなってしまいます。
なぜなら，発生した水素ガス H_2 が銅板の表面にくっつくことで，新たに水素イオンが近づいてくることを妨げてしまうからです。この現象を電池の**分極**といいます。分極を防ぐには，過酸化水素水やニクロム酸カリウム水溶液などの**減極剤**を加えます。

2-5 ③ ダニエル電池

$$(-) \ Zn \longrightarrow Zn^{2+} + 2e^-$$
$$(+) \ Cu^{2+} + 2e^- \longrightarrow Cu$$

（負極：ZnがZn^{2+}になり，電子が放出される。
正極：電解質溶液中のCu^{2+}が電子を受け取り，Cuが析出する。）

POINT① ダニエルは，亜鉛板を硫酸亜鉛の水溶液に，銅板を硫酸銅（Ⅱ）の水溶液に浸した！

どうやら水素イオンを利用するボルタ電池は分極が起こってしまって，うまくいかないようです。

そこでイギリスの化学者ダニエルが，新しいしくみの電池（**ダニエル電池**）を考案しました。

ダニエルが用いたのは，ボルタと同じく亜鉛板と銅板ですが，**浸す溶液部分を工夫しました**。亜鉛を硫酸亜鉛 $ZnSO_4$ の水溶液，銅板を硫酸銅（Ⅱ）$CuSO_4$ の水溶液に浸し，この2つの溶液を**素焼き板**で区切ったのです。

POINT② 素焼き板で溶液が仕切られており，銅板のまわりに H^+ はない（Cu^{2+} がある）！

ボルタ電池では，溶液中に希硫酸が含まれていたため水素イオンが反応していました（その結果，分極が起こってしまいました）が，今回は素焼き板で仕切られていて，銅板のまわりの溶液中には H^+ の代わりにたくさんの銅（Ⅱ）イオン Cu^{2+} が存在しています。そのため，亜鉛が亜鉛イオン Zn^{2+} になったときに発生した電子は，銅（Ⅱ）イオンと反応し，銅板（正極）に銅が析出するようになるのです。

素焼き板は
溶液が混ざるのを防ぐが
イオンは通すんじゃよ

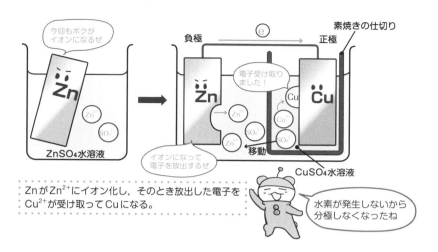

Zn が Zn^{2+} にイオン化し，そのとき放出した電子を Cu^{2+} が受け取って Cu になる。

◎ ここで覚えたい！ **ダニエル電池の反応式**

✓	(−) $Zn \longrightarrow Zn^{2+} + 2e^-$ （酸化反応）
✓	(+) $Cu^{2+} + 2e^- \longrightarrow Cu$ （還元反応）
✓	(**電池全体**) $Zn + Cu^{2+} \longrightarrow Zn^{2+} + Cu$ （酸化還元反応）

2-5 ④ 鉛蓄電池

$$(-) \ Pb + SO_4^{2-} \longrightarrow PbSO_4 + 2e^-$$
$$(+) \ PbO_2 + 4H^+ + SO_4^{2-} + 2e^- \longrightarrow PbSO_4 + 2H_2O$$

POINT ① 負極＝Pb，正極＝PbO₂

「電池から電流を取り出す」ことを**放電**といい，「逆向きに電流を流すことで放電時の逆反応を起こす」ことを**充電**といいます。

そして，充電できない電池を**一次電池**といい，充電できる電池を**二次電池**といいます。**鉛蓄電池**は，負極に鉛板Pbが，正極に酸化鉛(Ⅳ)PbO₂が使われる二次電池です。

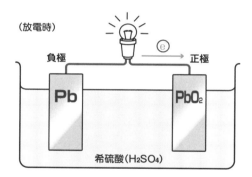

（放電時）

負極　　　　正極

Pb　　　　PbO₂

希硫酸(H₂SO₄)

POINT ② 両極の反応前後の物質の変化を暗記しよう！

どちらの極でも，硫酸イオンSO₄²⁻と反応して硫酸鉛(Ⅱ)PbSO₄になります。反応前後の物質の変化は次のようになります。これは覚えてくださいね。

$$(-) \ Pb + SO_4^{2-} \longrightarrow PbSO_4 \quad (酸化反応)$$
$$(+) \ PbO_2 + SO_4^{2-} \longrightarrow PbSO_4 \quad (還元反応)$$

これは覚えるんじゃ！

反応後はどっちもPbSO₄か〜

覚えやすいようなややこしいような……

POINT③ 半反応式を作る要領で式を完成させよう！

◆負極

両辺のOの数，Hの数がそろっているので，あとは電荷をあわせるだけです。ということで，右辺に$2e^-$を加えると完成です。

$$(-)\ Pb + SO_4^{2-} \longrightarrow PbSO_4 + 2e^- \quad \boxed{完成！}$$

◆正極

まずは両辺のOの数をそろえるために，水を加えます。この場合は右辺に$2H_2O$を加えます。

$$(+)\ PbO_2 + SO_4^{2-} \longrightarrow PbSO_4 + 2H_2O$$

次に両辺のHの数をそろえるために，左辺に$4H^+$を加えます。

$$(+)\ PbO_2 + SO_4^{2-} + 4H^+ \longrightarrow PbSO_4 + 2H_2O$$

最後に，両辺の電荷をそろえるために，左辺に$2e^-$を加えると完成です。

$$(+)\ PbO_2 + SO_4^{2-} + 4H^+ + 2e^- \longrightarrow PbSO_4 + 2H_2O \quad \boxed{完成！}$$

◎ここで覚えたい！ 鉛蓄電池の反応式① ～放電時～

✓	$(-)\ Pb + SO_4^{2-} \longrightarrow PbSO_4 + 2e^-$ （酸化**反応**） 　　　　　　　　　　　硫酸鉛(Ⅱ)
✓	$(+)\ PbO_2 + 4H^+ + SO_4^{2-} + 2e^- \longrightarrow PbSO_4 + 2H_2O$ （還元**反応**） 　　酸化鉛(Ⅳ)
✓	（電池全体）$Pb + PbO_2 + 2H_2SO_4 \longrightarrow 2PbSO_4 + 2H_2O$ （酸化還元**反応**）

POINT④ 放電時の反応を逆にすると，充電時の反応になる！

先ほどの反応式は，放電時のものです。

一方，充電時には，放電時と逆向きに電流を流すことにより，逆向きの反応が起こるのです。

◎ここで覚えたい！ 鉛蓄電池の反応式② ～充電時～

✓	（電池全体）$2PbSO_4 + 2H_2O \longrightarrow Pb + PbO_2 + 2H_2SO_4$ （酸化還元**反応**）

2-5 ⑤ 燃料電池（H₃PO₄型）

$$(-)\ H_2 \longrightarrow 2H^+ + 2e^-$$
$$(+)\ O_2 + 4H^+ + 4e^- \longrightarrow 2H_2O$$

（負極：水素 H_2 が電子を放出して H^+ になる。
正極：酸素 O_2 が H^+ と電子を受け取り，H_2O になる。）

POINT① 両極の反応前後の物質の変化を暗記しよう！

水素や天然ガスなどの燃料と酸素を用いたクリーンな電池が，**燃料電池**です。
燃料電池の代表的なものは，負極に水素，正極に酸素，電解質に**リン酸 H_3PO_4（＝酸性）**を用います。
反応前後の両極の物質の変化は次のようになります。

これは
覚える
ニャ！

$$(-)\ H_2 \longrightarrow 2H^+$$
$$(+)\ O_2 \longrightarrow 2H_2O$$

負極では水素 H_2 は水素イオンに分解され，正極では酸素 O_2 は水 H_2O に変化します。

POINT② 半反応式を作る要領で式を完成させよう！

上の式はまだ完成していないので，半反応式を作る要領で完成させましょう。

◆負極
両辺の O の数も H の数も同じなので，e^- の数をそろえたら OK です。

$$(-)\ H_2 \longrightarrow 2H^+ + 2e^-\ \text{完成！}$$

◆正極
O の数はそろっているので，H の数をそろえます。左辺に $4H^+$ を加えるのです。

$$(+)\ O_2 + 4H^+ \longrightarrow 2H_2O$$

最後に両辺の電荷をそろえるために，左辺に $4e^-$ を加えて完成です。

$$(+)\ O_2 + 4H^+ + 4e^- \longrightarrow 2H_2O\ \text{完成！}$$

◎ ここで覚えたい！**燃料電池の反応式①** 〜 H_3PO_4型〜

✓	（－）$H_2 \longrightarrow 2H^+ + 2e^-$ （酸化反応）
✓	（＋）$O_2 + 4H^+ + 4e^- \longrightarrow 2H_2O$ （還元反応）
✓	（**電池全体**）$2H_2 + O_2 \longrightarrow 2H_2O$ （酸化還元反応）

補足 ▶ 燃料電池がとてもクリーンな証拠に，電池全体の反応では水しか生成していませんね。

2-5 ⑥ 燃料電池（KOH型）

$$(-)\ H_2 + 2OH^- \longrightarrow 2H_2O + 2e^-$$
$$(+)\ O_2 + 2H_2O + 4e^- \longrightarrow 4OH^-$$

（負極：水素 H_2 が OH^- を受け取り，H_2O となって電子を放出する。
正極：酸素 O_2 が電子を受け取り，OH^- になる。）

POINT ① H_3PO_4型の半反応式を思い出そう！

H_3PO_4型の燃料電池は，電解質が酸性だったため反応式中に H^+ が登場してきていました。一方，KOH（水酸化カリウム）型の燃料電池は，**電解質が塩基性なので H^+ が登場する反応ではありません**。でも実は，H_3PO_4型の燃料電池の反応をベースに考えればよいのです。H_3PO_4型の燃料電池の反応は，次のようになっていましたね。

$$(-)\ H_2 \longrightarrow 2H^+ + 2e^-$$
$$(+)\ O_2 + 4H^+ + 4e^- \longrightarrow 2H_2O$$

これを覚えていたら
KOH型の反応も
すぐ導けるんじゃ

POINT ② H^+ は登場しないので，OH^- を加える！

◆負極

H^+ をなくすために両辺に $2OH^-$ を加えたら完成です。

$$(-)\ H_2 + 2OH^- \longrightarrow 2H_2O + 2e^-\ \text{完成！}$$

◆正極

同じように H^+ をなくすために，両辺に $4OH^-$ を加えます。

$$(+)\ O_2 + 4H_2O + 4e^- \longrightarrow 2H_2O + 4OH^-$$

両辺に H_2O があるので，打ち消すと次のようになります。これで完成です。

$$(+)\ O_2 + 2H_2O + 4e^- \longrightarrow 4OH^-\ \text{完成！}$$

◎ ここで覚えたい！ 燃料電池の反応式② 〜KOH型〜

✓	$(-)\ H_2 + 2OH^- \longrightarrow 2H_2O + 2e^-$ （酸化**反応**）
✓	$(+)\ O_2 + 2H_2O + 4e^- \longrightarrow 4OH^-$ （還元**反応**）
✓	（電池全体）$2H_2 + O_2 \longrightarrow 2H_2O$ （酸化還元**反応**）

あ！
全体の反応は
H_3PO_4型と
おんなじだ！

電気分解

2-6① 水溶液の電気分解

POINT① 電気を流して化学反応を促進させるのが, 電気分解!

電池は, 次のような流れで電気を取り出していました。
「化学反応が起こる」→「電子が移動する」→「電気を取り出す」

一方, ここで勉強する電気分解は, 逆の流れで化学反応を起こします。
「電気を流す」→「電子が移動する」→「化学反応が起こる」

電気分解を用いることによって, 普通ではつくることが難しい物質もつくることができるようになります。例えば, 水酸化ナトリウム$NaOH$や金属の単体(ナトリウムNa, リチウムLi, 銅Cu, アルミニウムAl, カルシウムCa, カリウムK, マグネシウムMgなど)がそうです。

POINT② 「陰極(電源の負極側)=還元反応」,
「陽極(電源の正極側)=酸化反応」!

電源(電池)の負極と接続した電極が陰極, 正極と接続した電極が陽極となります。
これは定義なので, 暗記するしかありません。

そして, 電気分解を学ぶうえで最初に必要なことは, **陽極と陰極でどんな反応が起こるか(酸化or還元)を知ること**です。
陰極と陽極では, それぞれ酸化と還元のどちらが起こるでしょうか? 電子は, 電源の負極から出て, 陰極に流れ込んでいきます。つまり, 陰極では, 負極から出た電子を受け取る反応(還元反応)が起こる, ということですね。

逆に, 電源の正極には, 電子が流れ込んできますので, 陽極では電子が放出される反応が起こります。ということは, 陽極では酸化反応が起こる, ということです。

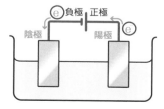

POINT ③ 両極で起きる反応は「電極」と「電解質」で決まる！

では，実際に両極でどんな反応が起こるのでしょうか？
着目点は，たった2つです。

- **電極**（どんな電極が使われているか？）
- **電解質**（どんな水溶液が使われているか？）

◆陰極での反応は，水溶液にCu^{2+}，Ag^+が含まれているかどうかで判断する

まずは，陰極でどんな反応が起きるかについてですが，実は陰極では，電極について考える必要がありません。「どのような水溶液が使われているか？」を考えるだけでいいのです。次の2ステップで考えます。

ステップ①「水溶液にCu^{2+}，Ag^+が含まれているか？」

水溶液にどちらかが含まれていた場合，次のような反応が電極で起こります。

$$Cu^{2+} + 2e^- \longrightarrow Cu$$
$$Ag^+ + e^- \longrightarrow Ag$$

そうでない場合は，ステップ②へ進んでください。

ステップ②「水が反応する」

ステップ①の条件でない場合，水が反応します。
まずは，**水溶液が酸性のときに起こる反応**を覚えてください。

$$2H^+ + 2e^- \longrightarrow H_2$$

もし**水溶液が中性や塩基性の場合**，H^+はほとんど存在しませんので，両辺に$2OH^-$を加えて水が反応している反応式にしてください。

$$2H_2O + 2e^- \longrightarrow H_2 + 2OH^-$$

ここは大切ニャ

◆陽極での反応は「電極」→「水溶液」の順に考えていく

陽極での反応は，次の3ステップで考えていきます。

ステップ①「電極にCu，Agが使われているか？」

電極にどちらかが使われている場合，それ自身が反応します。

$$Cu \longrightarrow Cu^{2+} + 2e^-$$
$$Ag \longrightarrow Ag^+ + e^-$$

そうでない場合は，ステップ②に進みます。

ステップ②「水溶液に塩化物イオンCl⁻が含まれているか？」

Cl⁻が含まれている場合，塩素が発生します。

$$2Cl^- \longrightarrow Cl_2 + 2e^-$$

そうでない場合は，ステップ③に進みます。

ステップ③「水が反応する」

ステップ①，②の条件でない場合，水が反応します。

まずは，**水溶液が塩基性の場合の反応**を覚えましょう。

（$4OH^- \longrightarrow O_2$ だけ覚えて，半反応式の作りかたに沿って反応式を作ることもできます）

$$4OH^- \longrightarrow O_2 + 2H_2O + 4e^-$$

もし水溶液が**中性や酸性の場合**，OH⁻はほとんど存在していないので，両辺に4H⁺を加えて反応式を完成させます。

$$4H_2O \longrightarrow O_2 + 2H_2O + 4e^- + 4H^+$$
$$\Rightarrow 2H_2O \longrightarrow O_2 + 4e^- + 4H^+$$

ここも大事じゃ！

これまでの説明が理解できていれば，以下の電気分解における化学反応式は，丸暗記しなくても答えられるはずです。

丸暗記しなくてもいいからボクでもできそう！

クマはマヌケだから無理ニャ

◎ ここで確認！ 電気分解の両極の反応式

電解質：$CuCl_2$水溶液　　電極：陰極C　陽極C
✓ (−) $Cu^{2+} + 2e^- \longrightarrow Cu$
✓ (+) $2Cl^- \longrightarrow Cl_2 + 2e^-$

電解質：$CuSO_4$水溶液　　電極：陰極Cu　陽極Cu
✓ (−) $Cu^{2+} + 2e^- \longrightarrow Cu$
✓ (+) $Cu \longrightarrow Cu^{2+} + 2e^-$

電解質：$CuSO_4$水溶液　　電極：陰極Pt　陽極Pt
✓ (−) $Cu^{2+} + 2e^- \longrightarrow Cu$
✓ (+) $2H_2O \longrightarrow O_2 + 4H^+ + 4e^-$

電解質：$AgNO_3$水溶液　　電極：陰極Pt　陽極Pt
✓ (−) $Ag^+ + e^- \longrightarrow Ag$
✓ (+) $2H_2O \longrightarrow O_2 + 4H^+ + 4e^-$

電解質：$NaCl$水溶液　　電極：陰極Fe　陽極C
✓ (−) $2H_2O + 2e^- \longrightarrow H_2 + 2OH^-$
✓ (+) $2Cl^- \longrightarrow Cl_2 + 2e^-$

電解質：H_2SO_4水溶液　　電極：陰極Pt　陽極Pt
✓ (−) $2H^+ + 2e^- \longrightarrow H_2$
✓ (+) $2H_2O \longrightarrow O_2 + 4H^+ + 4e^-$

電解質：$NaOH$水溶液　　電極：陰極Pt　陽極Pt
✓ (−) $2H_2O + 2e^- \longrightarrow H_2 + 2OH^-$
✓ (+) $4OH^- \longrightarrow 2H_2O + O_2 + 4e^-$

金属イオンの分離

2-7① 沈殿生成反応

水溶液中にどのようなイオンが含まれているかは，沈殿生成反応を利用して調べることができます。沈殿の色と一緒に覚えましょう。

◎ ここで覚えたい！ **金属イオンの沈殿生成反応** ～陰イオンごとのまとめ～

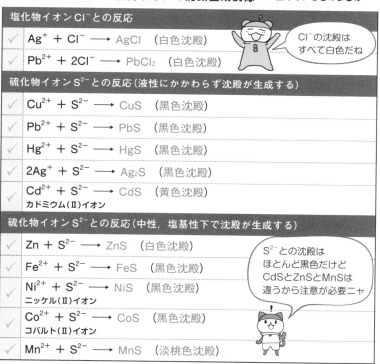

塩化物イオン Cl⁻ との反応
✓ $Ag^+ + Cl^- \longrightarrow AgCl$ （白色沈殿）
✓ $Pb^{2+} + 2Cl^- \longrightarrow PbCl_2$ （白色沈殿）

Cl⁻の沈殿はすべて白色だね

硫化物イオン S²⁻ との反応（液性にかかわらず沈殿が生成する）
✓ $Cu^{2+} + S^{2-} \longrightarrow CuS$ （黒色沈殿）
✓ $Pb^{2+} + S^{2-} \longrightarrow PbS$ （黒色沈殿）
✓ $Hg^{2+} + S^{2-} \longrightarrow HgS$ （黒色沈殿）
✓ $2Ag^+ + S^{2-} \longrightarrow Ag_2S$ （黒色沈殿）
✓ $Cd^{2+} + S^{2-} \longrightarrow CdS$ （黄色沈殿） カドミウム(Ⅱ)イオン

硫化物イオン S²⁻ との反応（中性，塩基性下で沈殿が生成する）
✓ $Zn + S^{2-} \longrightarrow ZnS$ （白色沈殿）
✓ $Fe^{2+} + S^{2-} \longrightarrow FeS$ （黒色沈殿）
✓ $Ni^{2+} + S^{2-} \longrightarrow NiS$ （黒色沈殿） ニッケル(Ⅱ)イオン
✓ $Co^{2+} + S^{2-} \longrightarrow CoS$ （黒色沈殿） コバルト(Ⅱ)イオン
✓ $Mn^{2+} + S^{2-} \longrightarrow MnS$ （淡桃色沈殿）

S²⁻との沈殿はほとんど黒色だけどCdSとZnSとMnSは違うから注意が必要ニャ

ここで S²⁻ との反応についてイオン化傾向との関係をチェックするぞぃ！

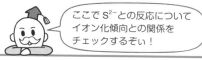

K Ca Na Mg Al | あ て に Zn Fe Ni | Sn Pb [H₂] Cu Hg Ag Pt Au

沈殿しない ← 中性・塩基性でしか沈殿しない → 酸性でも沈殿する

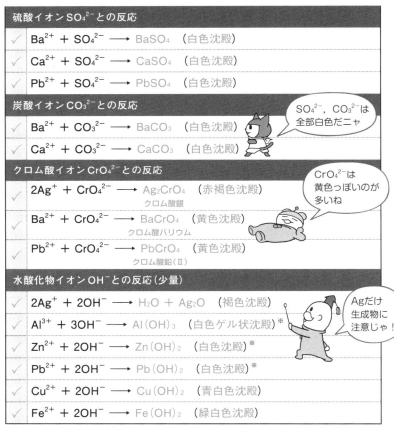

硫酸イオンSO₄²⁻との反応			
✓	$Ba^{2+} + SO_4^{2-} \longrightarrow BaSO_4$	（白色沈殿）	
✓	$Ca^{2+} + SO_4^{2-} \longrightarrow CaSO_4$	（白色沈殿）	
✓	$Pb^{2+} + SO_4^{2-} \longrightarrow PbSO_4$	（白色沈殿）	

炭酸イオンCO₃²⁻との反応

SO_4^{2-}，CO_3^{2-}は全部白色だニャ

✓	$Ba^{2+} + CO_3^{2-} \longrightarrow BaCO_3$	（白色沈殿）
✓	$Ca^{2+} + CO_3^{2-} \longrightarrow CaCO_3$	（白色沈殿）

クロム酸イオンCrO₄²⁻との反応

CrO_4^{2-}は黄色っぽいのが多いね

✓	$2Ag^+ + CrO_4^{2-} \longrightarrow Ag_2CrO_4$ （赤褐色沈殿） クロム酸銀
✓	$Ba^{2+} + CrO_4^{2-} \longrightarrow BaCrO_4$ （黄色沈殿） クロム酸バリウム
✓	$Pb^{2+} + CrO_4^{2-} \longrightarrow PbCrO_4$ （黄色沈殿） クロム酸鉛（Ⅱ）

水酸化物イオンOH⁻との反応（少量）

Agだけ生成物に注意じゃ！

✓	$2Ag^+ + 2OH^- \longrightarrow H_2O + Ag_2O$	（褐色沈殿）
✓	$Al^{3+} + 3OH^- \longrightarrow Al(OH)_3$	（白色ゲル状沈殿）※
✓	$Zn^{2+} + 2OH^- \longrightarrow Zn(OH)_2$	（白色沈殿）※
✓	$Pb^{2+} + 2OH^- \longrightarrow Pb(OH)_2$	（白色沈殿）※
✓	$Cu^{2+} + 2OH^- \longrightarrow Cu(OH)_2$	（青白色沈殿）
✓	$Fe^{2+} + 2OH^- \longrightarrow Fe(OH)_2$	（緑白色沈殿）

※ Al，Zn，Pbは両性元素なので，さらにOH⁻を加える（過剰に加える）と沈殿は溶けてしまいます。

両性元素はp.54でやったね！

クマが覚えてる！キセキ……

2-7 ② 金属イオンの分離

2-7 ① の反応を用いて，何種類かの金属イオンを含む水溶液から，金属イオンを分離して確認していく操作を金属イオンの**系統分離**といいます。
以下にその流れをまとめました。しっかり確認しましょう。

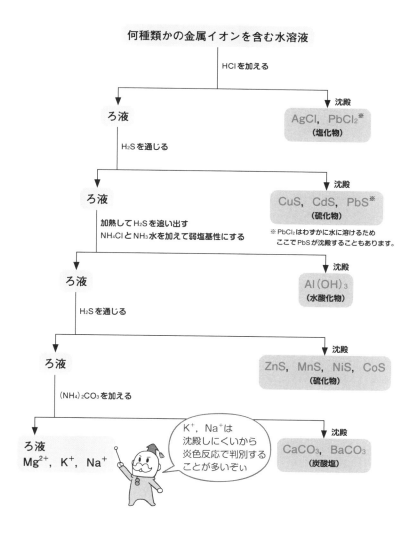

84

2-7 ③ 主な陽イオンの確認反応

2-7 ① では陰イオンごとにまとめましたが，ここでは陽イオンごとにまとめます。

◎ ここで覚えたい！ 金属イオンの沈殿生成反応　~陽イオンごとのまとめ~

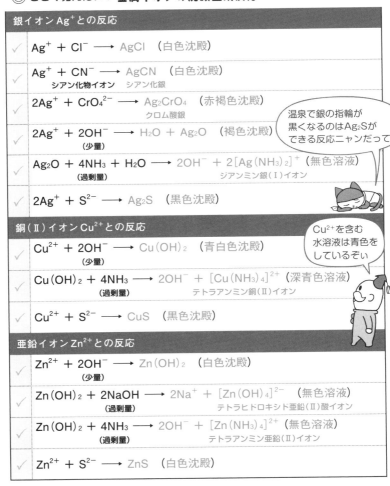

銀イオン Ag⁺との反応

$Ag^+ + Cl^- \longrightarrow AgCl$ （白色沈殿）

$Ag^+ + CN^- \longrightarrow AgCN$ （白色沈殿）
シアン化物イオン　シアン化銀

$2Ag^+ + CrO_4^{2-} \longrightarrow Ag_2CrO_4$ （赤褐色沈殿）
クロム酸銀

$2Ag^+ + 2OH^- \longrightarrow H_2O + Ag_2O$ （褐色沈殿）
（少量）

温泉で銀の指輪が黒くなるのはAg₂Sができる反応ニャンだって

$Ag_2O + 4NH_3 + H_2O \longrightarrow 2OH^- + 2[Ag(NH_3)_2]^+$ （無色溶液）
（過剰量）　　　　　　　　　　　　　ジアンミン銀(Ⅰ)イオン

$2Ag^+ + S^{2-} \longrightarrow Ag_2S$ （黒色沈殿）

銅(Ⅱ)イオン Cu²⁺との反応

Cu²⁺を含む水溶液は青色をしているぞぃ

$Cu^{2+} + 2OH^- \longrightarrow Cu(OH)_2$ （青白色沈殿）
（少量）

$Cu(OH)_2 + 4NH_3 \longrightarrow 2OH^- + [Cu(NH_3)_4]^{2+}$ （深青色溶液）
（過剰量）　　　　　　　　　　テトラアンミン銅(Ⅱ)イオン

$Cu^{2+} + S^{2-} \longrightarrow CuS$ （黒色沈殿）

亜鉛イオン Zn²⁺との反応

$Zn^{2+} + 2OH^- \longrightarrow Zn(OH)_2$ （白色沈殿）
（少量）

$Zn(OH)_2 + 2NaOH \longrightarrow 2Na^+ + [Zn(OH)_4]^{2-}$ （無色溶液）
（過剰量）　　　　　　　　　テトラヒドロキシド亜鉛(Ⅱ)酸イオン

$Zn(OH)_2 + 4NH_3 \longrightarrow 2OH^- + [Zn(NH_3)_4]^{2+}$ （無色溶液）
（過剰量）　　　　　　　　テトラアンミン亜鉛(Ⅱ)イオン

$Zn^{2+} + S^{2-} \longrightarrow ZnS$ （白色沈殿）

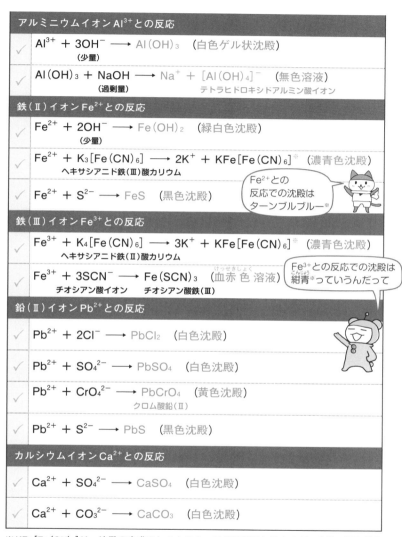

アルミニウムイオン Al³⁺ との反応

✓ $Al^{3+} + 3OH^-$ （少量） $\longrightarrow Al(OH)_3$　（白色ゲル状沈殿）

✓ $Al(OH)_3 + NaOH$ （過剰量） $\longrightarrow Na^+ + [Al(OH)_4]^-$　（無色溶液）
テトラヒドロキシドアルミン酸イオン

鉄(Ⅱ)イオン Fe²⁺ との反応

✓ $Fe^{2+} + 2OH^-$ （少量） $\longrightarrow Fe(OH)_2$　（緑白色沈殿）

✓ $Fe^{2+} + K_3[Fe(CN)_6]$ ヘキサシアニド鉄(Ⅲ)酸カリウム $\longrightarrow 2K^+ + KFe[Fe(CN)_6]$※　（濃青色沈殿）

✓ $Fe^{2+} + S^{2-} \longrightarrow FeS$　（黒色沈殿）

> Fe²⁺との反応での沈殿はターンブルブルー※

鉄(Ⅲ)イオン Fe³⁺ との反応

✓ $Fe^{3+} + K_4[Fe(CN)_6]$ ヘキサシアニド鉄(Ⅱ)酸カリウム $\longrightarrow 3K^+ + KFe[Fe(CN)_6]$※　（濃青色沈殿）

✓ $Fe^{3+} + 3SCN^-$ チオシアン酸イオン $\longrightarrow Fe(SCN)_3$ チオシアン酸鉄(Ⅲ)　（血赤色(けっせきしょく)溶液）

> Fe³⁺との反応での沈殿は紺青(こんじょう)※っていうんだって

鉛(Ⅱ)イオン Pb²⁺ との反応

✓ $Pb^{2+} + 2Cl^- \longrightarrow PbCl_2$　（白色沈殿）

✓ $Pb^{2+} + SO_4^{2-} \longrightarrow PbSO_4$　（白色沈殿）

✓ $Pb^{2+} + CrO_4^{2-} \longrightarrow PbCrO_4$ クロム酸鉛(Ⅱ)　（黄色沈殿）

✓ $Pb^{2+} + S^{2-} \longrightarrow PbS$　（黒色沈殿）

カルシウムイオン Ca²⁺ との反応

✓ $Ca^{2+} + SO_4^{2-} \longrightarrow CaSO_4$　（白色沈殿）

✓ $Ca^{2+} + CO_3^{2-} \longrightarrow CaCO_3$　（白色沈殿）

※ $KFe[Fe(CN)_6]$ は，沈殿の生成のしかたによって名前が変わりますが，実際は同じ構造の物質です。

バリウムイオン Ba²⁺ との反応

✓	$Ba^{2+} + SO_4^{2-} \longrightarrow BaSO_4$ （白色沈殿）
✓	$Ba^{2+} + CO_3^{2-} \longrightarrow BaCO_3$ （白色沈殿）
✓	$Ba^{2+} + CrO_4^{2-} \longrightarrow BaCrO_4$ （黄色沈殿） クロム酸バリウム

最後に，金属イオンの検出に利用される**炎色反応**を確認しておきましょう。

Li：赤色　　Na：黄色　　K：赤紫色　　Rb：深赤色　　Cs：青紫色
Ca：橙赤色　　Sr：深赤色　　Ba：黄緑色　　Cu：青緑色

ゴロで覚えよう

リアカー　なき　K村，動力
（Li：赤）（Na：黄）（K：紫）（Cu：緑）

借りようと　するもくれない
（Ca：橙）　　　　（Sr：紅）

馬力　でいこう！
（Ba：緑）

花火は炎色反応を利用しておるんじゃよ

へ〜

あの黄色は Na 元素の色だニャ

2-8① 非金属の単体＋O_2

例

$$\underline{S} + \underline{O_2} \xrightarrow{\text{酸化}} \underline{SO_2}$$
非金属単体　　　酸素　　　非金属酸化物（酸性酸化物）

（非金属単体は酸素と反応し，非金属酸化物を生成する。）

POINT **非金属の単体と酸素が反応すると，非金属酸化物が生成する！**

生成した非金属酸化物は酸性酸化物です。

一方，金属酸化物は
塩基性酸化物じゃったな
p.35でやったぞい！

◎ ここで覚えたい！「非金属の単体＋O_2」の反応式

✓	$C + O_2 \xrightarrow{\text{燃焼}} CO_2$
✓	$S + O_2 \xrightarrow{\text{燃焼}} SO_2$
✓	$4P + 5O_2 \xrightarrow{\text{燃焼}} P_4O_{10}$ リン　　　　　　　　十酸化四リン
✓	$2H_2 + O_2 \xrightarrow{\text{燃焼}} 2H_2O$

P_4O_{10}

乾燥剤

十酸化四リンは
吸湿性が強いから

乾燥剤や脱水剤に
使われるんだって

2-8 ② 非金属酸化物＋水

例
$$SO_2 + H_2O \longrightarrow H_2SO_3$$
非金属酸化物　　水　　　　　　　酸

（非金属酸化物の多くは，水と反応して酸になる。）

POINT 非金属酸化物の多くは，水に溶けて酸になる！

2-8 ① のようにして生成した非金属酸化物の多くは，水に溶けて酸になります。

◎ ここで覚えたい！「非金属酸化物＋水」の反応式

✓	$SO_3 + H_2O \longrightarrow H_2SO_4$ 三酸化硫黄
✓	$N_2O_3 + H_2O \longrightarrow 2HNO_2$ 三酸化二窒素　　　　　　亜硝酸
✓	$P_4O_{10} + 6H_2O \longrightarrow 4H_3PO_4$ 十酸化四リン　（温水）　　　　リン酸
✓	$SO_2 + H_2O \longrightarrow H_2SO_3$ 二酸化硫黄　　　　　　亜硫酸

なんとなくじゃ
ダメじゃ

「金属酸化物＋水」の反応は
p.36でやったニャ

なんとなく
覚えてる〜

2-8 ③ 硫化物 + O₂

> **例**
>
> $$2ZnS\ +\ 3O_2\ \longrightarrow\ 2ZnO\ +\ 2SO_2$$
>
> 硫化物　　　酸素　　　　　酸化物　　二酸化硫黄
>
> （硫化物と酸素が反応すると，酸化物と二酸化硫黄 SO_2 が生成する。）

POINT 硫化物より酸化物が安定！

硫化物に酸素を加えると，酸化物と SO_2 が生成します。Zn^{2+} が S^{2-} と結合していたところ，O_2 が現れて，Zn^{2+} を奪っていったイメージです。

◎ ここで覚えたい！「硫化物 + O₂」の反応式

✓	$2H_2S\ +\ 3O_2\ \longrightarrow\ 2H_2O\ +\ 2SO_2$
✓	$2ZnS\ +\ 3O_2\ \longrightarrow\ 2ZnO\ +\ 2SO_2$
✓	$2PbS\ +\ 3O_2\ \longrightarrow\ 2PbO\ +\ 2SO_2$ 硫化鉛（Ⅱ）
✓	$2Cu_2S\ +\ 3O_2\ \longrightarrow\ 2Cu_2O\ +\ 2SO_2$ 硫化銅（Ⅰ）

補足 ちなみに，ZnS と O_2 の反応だと，ついつい $ZnS\ +\ 2O_2\ \longrightarrow\ ZnSO_4$ とやりたくなりますが，基本的にはそうならないので注意が必要です。

2-8 ④ 酸化物＋C
....

 例

$$\underline{FeO} + \underline{C} \xrightarrow{\text{加熱}} \underline{Fe} + \underline{CO}$$

酸化物　　　炭素　　　金属単体　一酸化炭素

（金属酸化物に炭素Cを加えて加熱すると，金属単体と一酸化炭素COとなる。）

POINT **金属酸化物に炭素を入れて加熱していたら，金属単体を取り出そうとしているんだと気付こう！**

金属を地中から取り出そうとするとき，多くが酸化物として産出されます。それだけ，金属は酸素と仲がいいのです。仲良しの金属と酸素を無理やり引き離すにはどうしたらいいでしょうか？　それには，酸素Oとより仲のいい物質を与えればいいのです。それが炭素Cです。金属酸化物と炭素が反応した結果，金属酸化物は純粋な金属単体になり，一酸化炭素COが発生します。

◎ ここで覚えたい!「**酸化物＋C**」**の反応式**

✓ $CO_2 + C \xrightarrow{\text{加熱}} 2CO$
✓ $ZnO + C \xrightarrow{\text{加熱}} Zn + CO$
✓ $SnO_2 + 2C \xrightarrow{\text{加熱}} Sn + 2CO$ 酸化スズ(Ⅳ)
✓ $PbO + C \xrightarrow{\text{加熱}} Pb + CO$
✓ $FeO + C \xrightarrow{\text{加熱}} Fe + CO$ 酸化鉄(Ⅱ)
✓ $3Fe_2O_3 + C \xrightarrow{\text{加熱}} 2Fe_3O_4 + CO$ 酸化鉄(Ⅲ)(赤鉄鉱)　　四酸化三鉄
✓ $Fe_2O_3 + 3C \xrightarrow{\text{加熱}} 2Fe + 3CO$
✓ $Fe_3O_4 + 4C \xrightarrow{\text{加熱}} 3Fe + 4CO$
✓ $SiO_2 + 2C \xrightarrow{\text{加熱}} Si + 2CO$ 二酸化ケイ素

2-9① ハロゲンイオン＋ハロゲン分子

> **例**　$\underline{2KI}$　＋　$\underline{Cl_2}$　$\longrightarrow$　$\underline{2KCl}$　＋　$\underline{I_2}$
>
> より酸化力の弱い　より酸化力の強い　より酸化力の強い　より酸化力の弱い
> 　ハロゲンイオン　　ハロゲン分子　　ハロゲンイオン　　ハロゲン分子
>
> （より酸化力の弱いハロゲンイオンは, より酸化力の強いハロゲン分子と反応し,
> それぞれハロゲンイオンとハロゲン分子になる。）

POINT ハロゲンの酸化力は$F_2 > Cl_2 > Br_2 > I_2$ の関係にある！

ハロゲンは酸化力が強いです。つまり, $Cl_2 + 2e^- \longrightarrow 2Cl^-$　というように, 電子e^-を奪ってイオンになりたがる力が強いということです。そんなハロゲンどうしが出合ったら, どのような反応が起きるのでしょうか？

ハロゲンの間には酸化力の強さに次のような力関係があります。

$F_2 > Cl_2 > Br_2 > I_2$

例えば, より酸化力の強い（電子e^-を奪ってイオンになりたがる）F_2と, より酸化力の弱いCl^-が出合うと, F_2はCl^-から電子e^-を奪い, F^-になります。

$F_2 + 2KCl \longrightarrow 2KF + Cl_2$

一方, 次の反応は進みません。

$2KBr + I_2 \longleftrightarrow 2KI + Br_2$

なぜなら, Br^-はI原子よりも酸化力が強いため, 電子e^-を奪われることはないからです。

◎ ここで覚えたい！「ハロゲンイオン＋ハロゲン分子」の反応式

✓	$2KI + Cl_2 \longrightarrow 2KCl + I_2$ ヨウ化カリウム
✓	$2KI + Br_2 \longrightarrow 2KBr + I_2$ 　　　　　　臭化カリウム
✓	$2KBr + Cl_2 \longrightarrow 2KCl + Br_2$
✓	$MgBr_2 + Cl_2 \longrightarrow MgCl_2 + Br_2$ 臭化マグネシウム

2-9② ハロゲン分子＋水素

> **例**
>
> $$\underset{\text{ハロゲン分子}}{F_2} + \underset{\text{水素}}{H_2} \longrightarrow \underset{\text{ハロゲン化水素}}{2HF}$$
>
> （ハロゲン分子は水素 H_2 と反応し，ハロゲン化水素になる。）

POINT **ハロゲンは陰イオン X^- に，水素は H^+ になりたい気持ちが強い！**

ハロゲン分子 X_2 は水素 H_2 と反応し，**ハロゲン化水素** HX になります。水素は H^+ になりたがり，ハロゲンは X^- になりたがるので，両者にとって願ってもない反応なのです。

◎ ここで覚えたい！「ハロゲン分子＋水素」の反応式

✓	$F_2 + H_2 \longrightarrow 2HF$ フッ化水素
✓	$Cl_2 + H_2 \overset{光}{\longrightarrow} 2HCl$
✓	$Br_2 + H_2 \longrightarrow 2HBr$ 臭化水素
✓	$I_2 + H_2 \longrightarrow 2HI$ ヨウ化水素

2-9③ ハロゲン化銀の感光

例

$$2AgCl \xrightarrow{\text{光}} 2Ag + Cl_2$$

ハロゲン化銀　　　銀　　　ハロゲン分子

（AgF 以外のハロゲン化銀は，光が当たると，Ag とハロゲン分子に分解される。）

POINT AgF 以外のハロゲン化銀には感光性があるので，
光によって分解され，Ag とハロゲン分子になる！

AgF，AgCl，AgBr，AgIは**ハロゲン化銀**と呼ばれます。

このうち，AgF 以外には**感光性**があり，光が当たると Ag とハロゲン分子に分解されます。

◎ここで覚えたい！「ハロゲン化銀の感光」の反応式

✓	$2AgCl \xrightarrow{\text{光}} 2Ag + Cl_2$ 塩化銀
✓	$2AgBr \xrightarrow{\text{光}} 2Ag + Br_2$ 臭化銀
✓	$2AgI \xrightarrow{\text{光}} 2Ag + I_2$ ヨウ化銀

AgF以外は光に弱いから
褐色瓶で保存するんじゃよ

臭化銀AgBrは
写真フィルムの感光剤として
使われているんだ

94

2-9④ ハロゲン分子＋水

例

$$2F_2 + 2H_2O \longrightarrow 4HF + O_2$$

ハロゲン分子　　水　　　ハロゲン化水素

（I₂以外のハロゲン分子は水と反応し，ハロゲン化水素を生成する。）

POINT ハロゲン分子（I₂以外）は水と反応すると，ハロゲン化水素になる！

I₂以外のハロゲン分子（F₂，Cl₂，Br₂）は，水と反応しハロゲン化水素を生成します。
F₂と水の反応だけ，生成物が少し違うので注意しましょう。

◎ ここで覚えたい！「ハロゲン分子＋水」の反応式

✓	$2F_2 + 2H_2O \longrightarrow 4HF + O_2$ フッ化水素
✓	$Cl_2 + H_2O \rightleftharpoons HCl + HClO$ 次亜塩素酸
✓	$Br_2 + H_2O \rightleftharpoons HBr + HBrO$ 次亜臭素酸

> F₂と水の反応だけ
> 酸素が発生するニャ

補足　F₂，Cl₂が気体，Br₂は液体であるのに対し，I₂は固体です。
I₂はギラギラとした黒紫色の鉱石のような見た目で，まったく水に溶けない感じからも，I₂が水と反応しないことがわかると思います。

> I₂は水に溶けないが
> ヨウ化カリウム水溶液には溶けて
> ヨウ素溶液になるぞい
> $I_2 + I^- \rightleftharpoons I_3^-$

2-10 | 即答の反応式

2-10① 文章から化学反応式への変換

「この文章が書かれていたらこの反応式」と即答しないといけない化学反応式たちです。

◎ ここで覚えたい! 文章から即答すべき反応式

✓	「銅と希硝酸を反応させた」 $3Cu + 8HNO_3 \longrightarrow 3Cu(NO_3)_2 + 4H_2O + 2NO$ 　　　　　　　　　　　硝酸銅(Ⅱ)　　　　　一酸化窒素 ※ H_2よりイオン化傾向の小さい金属と, 酸化力のある酸との反応でもあります(p.64)。
✓	「銅と濃硝酸を反応させた」 $Cu + 4HNO_3 \longrightarrow Cu(NO_3)_2 + 2H_2O + 2NO_2$ ※ H_2よりイオン化傾向の小さい金属と, 酸化力のある酸との反応でもあります(p.64)。
✓	「白色の無水硫酸銅(Ⅱ)に水を加えると, 青色の硫酸銅(Ⅱ)五水和物になった」 $CuSO_4 + 5H_2O \longrightarrow CuSO_4 \cdot 5H_2O$
✓	「ヨウ素をヨウ化カリウム水溶液に溶かした」 $I_2 + KI \longrightarrow K^+ + I_3^-$
✓	「蛍石に濃硫酸を加えて加熱した」 $CaF_2 + H_2SO_4 \longrightarrow CaSO_4 + 2HF$ フッ化カルシウム(蛍石)　　　　　　フッ化水素
✓	「ガラスにフッ化水素酸(水溶液)を加えると, ガラスが溶ける」 $SiO_2 + 6HF \longrightarrow H_2SiF_6 + 2H_2O$ 二酸化ケイ素　　　　ヘキサフルオロケイ酸
✓	「ガラスにフッ化水素(気体)を反応させると, ガラスが溶ける」 $SiO_2 + 4HF \xrightarrow{加熱} SiF_4 + 2H_2O$ 　　　　　　　　　四フッ化ケイ素
✓	「さらし粉の生成」 $Ca(OH)_2 + Cl_2 \longrightarrow CaCl(ClO) \cdot H_2O$ 　　　　　　　　　　　　さらし粉

蛍石の化学式も忘れニャいようにしなきゃ

ガラスの主成分はSiO₂じゃ

ひ〜

溶けてる!

ガラス

「さらし粉の分解」

$CaCl(ClO) \cdot H_2O + 2HCl \longrightarrow CaCl_2 + Cl_2 + 2H_2O$

「セッコウを加熱した」

$CaSO_4 \cdot 2H_2O \xrightarrow{加熱} CaSO_4 \cdot \frac{1}{2}H_2O + \frac{3}{2}H_2O$

セッコウ　　　　　　　　焼きセッコウ

焼きセッコウに水を加えると，再びセッコウになるニャ

「カーバイドの生成」

$CaO + 3C \longrightarrow CaC_2 + CO$

生石灰　コークス　炭化カルシウム(カーバイド)

「カーバイドに水を加えると，水酸化カルシウムとアセチレンが得られる」

$CaC_2 + 2H_2O \longrightarrow Ca(OH)_2 + C_2H_2$

アセチレン

「酸素に紫外線を照射すると，オゾンが生成する」
「酸素を無声放電すると，オゾンが生成する」

$3O_2 \longrightarrow 2O_3$

「過酸化水素水に酸化マンガン(IV)を加えると，酸素を発生する」

$2H_2O_2 \xrightarrow[(触媒)]{MnO_2} 2H_2O + O_2$

酸化マンガン(IV)MnO₂は触媒じゃから式には出てこんぞい

「塩素酸カリウムに酸化マンガン(IV)を加えて加熱すると，酸素が発生する」

$2KClO_3 \xrightarrow[加熱]{MnO_2(触媒)} 2KCl + 3O_2$

塩素酸カリウム

「尿素の工業的製法」

$2NH_3 + CO_2 \longrightarrow (NH_2)_2CO + H_2O$

アンモニア　　　　　　　　尿素

「水の電気分解」

$2H_2O \xrightarrow{電気分解} 2H_2 + O_2$

グ
カ

「食塩水を電気分解」

$2NaCl + 2H_2O \xrightarrow{電気分解} 2NaOH + H_2 + Cl_2$

「塩化ナトリウムの溶融塩電解(融解塩電解)」

$2NaCl \xrightarrow{融解塩電解} 2Na + Cl_2$

2-10② 気体の製法

気体を得るための反応式も頻出です。すでに登場したことのある反応式もたくさんありますので，復習しながら読み進めましょう。

◎ ここで覚えたい!「気体の製法」の反応式

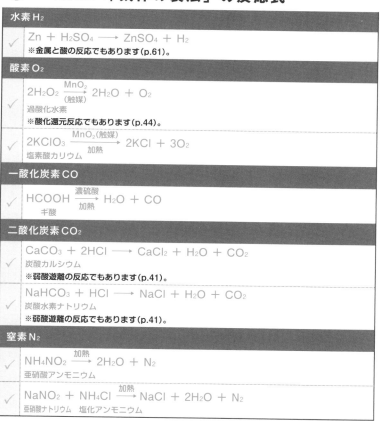

水素 H_2

$Zn + H_2SO_4 \longrightarrow ZnSO_4 + H_2$

※金属と酸の反応でもあります(p.61)。

酸素 O_2

$2H_2O_2 \xrightarrow[\text{(触媒)}]{MnO_2} 2H_2O + O_2$

過酸化水素

※酸化還元反応でもあります(p.44)。

$2KClO_3 \xrightarrow[\text{加熱}]{MnO_2\text{(触媒)}} 2KCl + 3O_2$

塩素酸カリウム

一酸化炭素 CO

$HCOOH \xrightarrow[\text{加熱}]{\text{濃硫酸}} H_2O + CO$

ギ酸

二酸化炭素 CO_2

$CaCO_3 + 2HCl \longrightarrow CaCl_2 + H_2O + CO_2$

炭酸カルシウム

※弱酸遊離の反応でもあります(p.41)。

$NaHCO_3 + HCl \longrightarrow NaCl + H_2O + CO_2$

炭酸水素ナトリウム

※弱酸遊離の反応でもあります(p.41)。

窒素 N_2

$NH_4NO_2 \xrightarrow{\text{加熱}} 2H_2O + N_2$

亜硝酸アンモニウム

$NaNO_2 + NH_4Cl \xrightarrow{\text{加熱}} NaCl + 2H_2O + N_2$

亜硝酸ナトリウム　塩化アンモニウム

大理石
(主成分:$CaCO_3$)

実験してみよう

コラー!!

前にも怒られたのに…
クマは本物のマヌケにゃ

アンモニア NH_3

$$2NH_4Cl + Ca(OH)_2 \xrightarrow{\text{加熱}} CaCl_2 + 2H_2O + 2NH_3$$

※弱塩基遊離の反応でもあります(p.41)。

一酸化窒素 NO

$$3Cu + 8HNO_3 \longrightarrow 3Cu(NO_3)_2 + 4H_2O + 2NO$$

希硝酸

※ H_2 よりイオン化傾向の小さい金属と，酸化力のある酸との反応でもあります(p.64)。

二酸化窒素 NO_2

$$Cu + 4HNO_3 \longrightarrow Cu(NO_3)_2 + 2H_2O + 2NO_2$$

濃硝酸

※ H_2 よりイオン化傾向の小さい金属と，酸化力のある酸との反応でもあります(p.64)。

硝酸 HNO_3

$$NaNO_3 + H_2SO_4 \xrightarrow{\text{加熱}} NaHSO_4 + HNO_3$$

硝酸ナトリウム　濃硫酸　　硫酸水素ナトリウム

※揮発性の酸の塩と不揮発性の酸との反応でもあります(p.42)。

硫化水素 H_2S

だれが
マヌケだ!!

$$FeS + H_2SO_4 \longrightarrow FeSO_4 + H_2S$$

※弱酸遊離の反応でもあります。

二酸化硫黄 SO_2

$$Na_2SO_3 + H_2SO_4 \longrightarrow Na_2SO_4 + H_2O + SO_2$$

亜硫酸ナトリウム　　　　　硫酸ナトリウム

$$2NaHSO_3 + H_2SO_4 \longrightarrow Na_2SO_4 + 2H_2O + 2SO_2$$

亜硫酸水素ナトリウム

$$S + O_2 \xrightarrow{\text{燃焼}} SO_2$$

※非金属と酸素の反応でもあります(p.87)。

$$Cu + 2H_2SO_4 \longrightarrow CuSO_4 + 2H_2O + SO_2$$

熱濃硫酸

※ H_2 よりイオン化傾向の小さい金属と，酸化力のある酸との反応でもあります(p.64)。

塩素 Cl_2

$$MnO_2 + 4HCl \xrightarrow[\text{加熱}]{\text{硫酸酸性}} MnCl_2 + 2H_2O + Cl_2$$

酸化マンガン(IV)

※酸化還元反応でもあります(p.49)。

$$CaCl(ClO)\cdot H_2O + 2HCl \longrightarrow CaCl_2 + 2H_2O + Cl_2$$

さらし粉

塩化水素 HCl

$$NaCl + H_2SO_4 \xrightarrow{\text{加熱}} NaHSO_4 + HCl$$
　　　濃硫酸　　　　　　硫酸水素ナトリウム

※揮発性の酸の塩と不揮発性の酸との反応でもあります(p.42)。

フッ化水素 HF

$$CaF_2 + H_2SO_4 \xrightarrow{\text{加熱}} CaSO_4 + 2HF$$
フッ化カルシウム(蛍石)　　　　　　フッ化水素

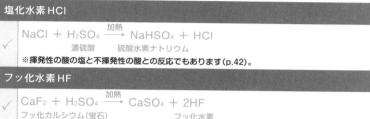

> 補足　〈ハロゲン化水素の酸の強さ〉
>
> フッ化水素以外のハロゲン化水素は強酸ですが，フッ化水素だけは弱酸です。
> ハロゲン化水素の酸の強さは，次のようになります。
>
>
>
> $$HF \ll HCl < HBr < HI$$
> <u>弱酸</u>　　　　強酸

2-10 ③ 気体の検出方法

文章と化学反応式を対応させて覚える必要があります。

◎ ここで覚えたい！「気体の検出方法」の反応式①

「塩素を湿ったヨウ化カリウムデンプン紙に触れさせると青紫色になる」

$2KI + Cl_2 \longrightarrow 2KCl + I_2$

※青紫色は，生成したI_2とデンプンの反応によるものです。

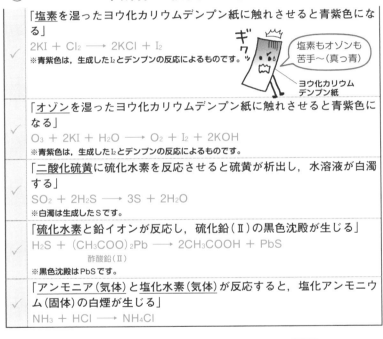

「オゾンを湿ったヨウ化カリウムデンプン紙に触れさせると青紫色になる」

$O_3 + 2KI + H_2O \longrightarrow O_2 + I_2 + 2KOH$

※青紫色は，生成したI_2とデンプンの反応によるものです。

「二酸化硫黄に硫化水素を反応させると硫黄が析出し，水溶液が白濁する」

$SO_2 + 2H_2S \longrightarrow 3S + 2H_2O$

※白濁は生成したSです。

「硫化水素と鉛イオンが反応し，硫化鉛（Ⅱ）の黒色沈殿が生じる」

$H_2S + (CH_3COO)_2Pb \longrightarrow 2CH_3COOH + PbS$

酢酸鉛（Ⅱ）

※黒色沈殿はPbSです。

「アンモニア（気体）と塩化水素（気体）が反応すると，塩化アンモニウム（固体）の白煙が生じる」

$NH_3 + HCl \longrightarrow NH_4Cl$

◎ ここで覚えたい!「気体の検出方法」の反応式 ②

✓	「水に溶けない無色無臭の気体を，空気に触れさせると赤褐色の有毒な気体になった」 $2NO + O_2 \longrightarrow 2NO_2$ ※NOは無色無臭の気体，NO_2は赤褐色の有毒な気体です。
✓	「低温にすると色が薄くなり，高温にするともとの濃さに戻った」 N_2O_4(無色) $\rightleftharpoons$ $2NO_2$(赤褐色) $\Delta H = 57.9$ kJ 　四酸化二窒素　　　　二酸化窒素 ※ルシャトリエの原理から高温になるとNO_2(赤褐色)の割合が高くなり，色が濃くなります。
✓	「石灰水に通すと白濁した」 $Ca(OH)_2 + CO_2 \longrightarrow CaCO_3 + H_2O$ 　水酸化カルシウム(石灰水)　炭酸カルシウム ※石灰水($Ca(OH)_2$が水に溶けているもの)にCO_2を通すと，$CaCO_3$(水に溶けにくい白色の物質)が生成するため，白濁します。
✓	「白濁した石灰水にさらに通すと透明になった」 $CaCO_3 + CO_2 + H_2O \longrightarrow Ca(HCO_3)_2$ 　　　　　　　　　　　　　　　　炭酸水素カルシウム ※$CaCO_3$が$Ca(HCO_3)_2$となって水に溶けるので，白濁が消えます。

2-10 ④ 工業的製法

実験室での生成法と工業的な製法は異なります。

どれも有名な反応式なので覚えましょう。反応を促進するために加える**触媒**も一緒に確認しましょう。

◆オストワルト法（硝酸 HNO_3 の生成法）

まずは，NH_3 を酸化して NO を得ます。このとき，触媒として白金 Pt がはたらいています。（←①式）

さらに NO を酸化し，NO_2 に変えます。（←②式）

NO_2 を温水と反応させることによって HNO_3 が得られます。（←③式）

副生成物の NO は，②式で繰り返し再利用されます。

全体をまとめた式もよく問われるので，注意しましょう。

◎ ここで覚えたい！ オストワルト法の反応式

✓	① $4NH_3 + 5O_2 \xrightarrow[\text{(触媒)}]{Pt} 4NO + 6H_2O$ アンモニア　　　　　一酸化窒素	
✓	② $2NO + O_2 \longrightarrow 2NO_2$	
✓	③ $3NO_2 + H_2O \longrightarrow 2HNO_3 + NO$ 　　　　（温水）	
✓	（全体）$NH_3 + 2O_2 \longrightarrow HNO_3 + H_2O$	

◆ハーバー・ボッシュ法（アンモニア NH_3 の生成法）

四酸化三鉄 Fe_3O_4 などの Fe を含む触媒を用いて，窒素と水素を高圧で直接反応させると，NH_3 が合成されます。

◎ ここで覚えたい！ ハーバー・ボッシュ法の反応式

✓	$N_2 + 3H_2 \xrightleftharpoons{Fe（触媒）} 2NH_3$

ハーバー・ボッシュ法は式が1つだから覚えやすいよ！

当たり前のことをエラそうにいってるニャ

◆接触法（硫酸 H_2SO_4 の生成法）

先に，H_2SO_4 の生成に必要な SO_2 を用意しておきます。

$$S + O_2 \longrightarrow SO_2$$

$$(4FeS_2 + 11O_2 \longrightarrow 2Fe_2O_3 + 8SO_2)$$

まずは，SO_2 を酸化して SO_3 を作ります。このとき酸化バナジウム（V）V_2O_5 を触媒として用います。（←①式）

次に，SO_3 を水と反応させて生成します。（←②式）

◎ ここで覚えたい！ 接触法の反応式

✓	① $2SO_2 + O_2 \xrightarrow[\text{(触媒)}]{V_2O_5} 2SO_3$ 三酸化硫黄
✓	② $SO_3 + H_2O \longrightarrow H_2SO_4$

◆鉄の製錬（Fe 単体の生成法）

まずは，コークス C から CO を生成しておきます。（←①式）

鉄は自然界では Fe_2O_3 や Fe_3O_4 の形で存在しているので，溶鉱炉で CO を用いて還元し，単体を取り出します。（←②式）

◎ ここで覚えたい！ 鉄の製錬の反応式

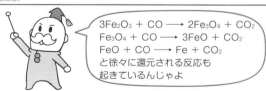

まず，コークス C から CO を生成するニャ

✓	① $CO_2 + C \xrightarrow{\text{加熱}} 2CO$ コークス　一酸化炭素
②	還元　$Fe_2O_3 + 3CO \xrightarrow{\text{加熱}} 2Fe + 3CO_2$ 酸化鉄（Ⅲ）（赤鉄鉱）
✓	$Fe_3O_4 + 4CO \xrightarrow{\text{加熱}} 3Fe + 4CO_2$ 四酸化三鉄

$3Fe_2O_3 + CO \longrightarrow 2Fe_3O_4 + CO_2$
$Fe_3O_4 + CO \longrightarrow 3FeO + CO_2$
$FeO + CO \longrightarrow Fe + CO_2$
と徐々に還元される反応も
起きているんじゃよ

◆アンモニアソーダ法（炭酸ナトリウム Na₂CO₃ の生成法）

アンモニアソーダ法とは，Na_2CO_3 を工業的に生成するための方法です。生成に関わる一連の反応を指しているので，すべて覚えなければなりません。

まずは，Na_2CO_3 を生成するのに直接関わる2つの反応式を覚えましょう。

① $NaCl + H_2O + NH_3 + CO_2 \longrightarrow \underline{NaHCO_3} + NH_4Cl$

② $2\underline{NaHCO_3} \longrightarrow \underline{Na_2CO_3} + H_2O + CO_2$
　　　　　　　　　　　　　　　　　　　最終生成物

以上のように，$NaHCO_3$ を生成したあと，最終生成物 Na_2CO_3 を合成しています。しかし，これで終わりではありません。「工業的に生成する」とは「ムダをできるだけなくした，経済的な生成法」ということ。いちばん手っ取り早いやりかたは「ゴミを有効活用すること」です。①をそういう目で見てみると，

① $NaCl + H_2O + NH_3 + CO_2 \longrightarrow NaHCO_3 + \underline{NH_4Cl}$
　　　　　　　　　　　　　　　　　　　　　　　　　　　副生成物(1)

$\underline{NH_4Cl}$ がリサイクルできそうです。そこで，次のような反応をさせます。
副生成物(1)

③ $2\underline{NH_4Cl} + Ca(OH)_2 \longrightarrow CaCl_2 + 2H_2O + 2\underline{NH_3}$
　副生成物(1)　　　　　　　　　　　　　　　　　　　**リサイクル(1)**
　※弱塩基と強酸の塩に強塩基を反応させる，弱塩基の遊離反応です（→p.41）。

こうして生成した $\underline{NH_3}$ は，反応式①に再利用できるわけです。
　　　　　　　　リサイクル(1)

それにしても，③の反応で突然，$Ca(OH)_2$ が登場しましたよね。実は $Ca(OH)_2$ を利用する過程にも，ムダをできるだけなくす工夫が隠れています。$Ca(OH)_2$ を用意するため，以下のように $CaCO_3 \rightarrow CaO \rightarrow Ca(OH)_2$ という過程を経るのですが，途中でまたリサイクルに使える物質が生成されます。

④ $CaCO_3 \longrightarrow \underline{CaO} + \underline{CO_2}$
　　　　　　　　　　　　　リサイクル(2)

⑤ $\underline{CaO} + H_2O \longrightarrow Ca(OH)_2$

$\underline{CO_2}$ が，これまた①の反応に利用されるわけです。
リサイクル(2)

以上のように，Na_2CO_3 を生成するためには①，②の2つの反応式で十分なのですが，途中で NH_3，CO_2 を生成させて①で再利用しているのですね。

以上で出てきた5つの反応式が, アンモニアソーダ法で覚えないといけない反応式たちです。流れで覚えてしまいましょう。

◎ ここで覚えたい! アンモニアソーダ法の反応式

✓	①	$NaCl + H_2O + NH_3 + CO_2 \longrightarrow NaHCO_3 + NH_4Cl$ 　　　　　　　　　　　　　　　　　　　　　炭酸水素ナトリウム　塩化アンモニウム
✓	②	$2NaHCO_3 \xrightarrow{\text{加熱}} Na_2CO_3 + H_2O + CO_2$ 　　　　　　　　炭酸ナトリウム
✓	③	$2NH_4Cl + Ca(OH)_2 \xrightarrow{\text{加熱}} CaCl_2 + 2H_2O + 2NH_3$
✓	④	$CaCO_3 \xrightarrow{\text{加熱}} CaO + CO_2$
✓	⑤	$CaO + H_2O \longrightarrow Ca(OH)_2$

工業的に生成するには
ムダをなくすことが
カギなんだって

クマも少しは
ムダをなくすといいニャ

たしかにのぅ

元素別まとめ

Chapter2の最後に，反応式をそれぞれの元素別にまとめて掲載しておきます。

◎ ここで確認! 塩素と塩化水素に関する反応式

塩素

$Cl_2 + H_2S \longrightarrow 2HCl + S$	(←p.50)
$Cl_2 + 2KBr \longrightarrow 2KCl + Br_2$	(←p.91)
$Cl_2 + 2KI \longrightarrow 2KCl + I_2$	(←p.91,100)
$Cl_2 + MgBr_2 \longrightarrow MgCl_2 + Br_2$	(←p.91)
$Cl_2 + H_2 \xrightarrow{\text{光}} 2HCl$	(←p.92)
$Cl_2 + H_2O \rightleftharpoons HCl + HClO$ 次亜塩素酸	(←p.94)

塩化水素

$HCl + NH_3 \longrightarrow NH_4Cl$ アンモニア　塩化アンモニウム	(←p.33)
$HCl + NaOH \longrightarrow NaCl + H_2O$	(←p.33)
$NaCl + H_2SO_4 \xrightarrow{\text{加熱}} NaHSO_4 + HCl$ 濃硫酸　　　硫酸水素ナトリウム	(←p.42,99)
$MnO_2 + 4HCl \xrightarrow[\text{加熱}]{\text{硫酸酸性}} MnCl_2 + Cl_2 + 2H_2O$ 酸化マンガン(Ⅳ)　濃塩酸　　　塩化マンガン(Ⅱ)	(←p.49,98)
$CaCl(ClO) \cdot H_2O + 2HCl \longrightarrow CaCl_2 + Cl_2 + 2H_2O$ さらし粉	(←p.96,98)
$2K_2CrO_4 + 16HCl \xrightarrow{\text{加熱}} 2CrCl_3 + 4KCl + 3Cl_2 + 8H_2O$ クロム酸カリウム　　　　塩化クロム(Ⅲ)	(←p.49)
$CaO + 2HCl \longrightarrow CaCl_2 + H_2O$	(←p.35)
$Ca + 2HCl \longrightarrow CaCl_2 + H_2$	(←p.60)

ここから一気に
駆け抜けるぞい！

はいっ！

頑張りまっす！

◎ ここで確認! 臭素とヨウ素に関する反応式

臭素		
✓	$2HBr + MnO_2 + H_2SO_4 \xrightarrow{\text{硫酸酸性}} MnSO_4 + 2H_2O + Br_2$ 酸化マンガン(Ⅳ)　　　　　　　　　　硫酸マンガン(Ⅱ)	(←p.49)
✓	$Br_2 + H_2S \longrightarrow 2HBr + S$	(←p.50)
✓	$MgBr_2 + Cl_2 \longrightarrow MgCl_2 + Br_2$	(←p.91)
✓	$2KBr + Cl_2 \longrightarrow 2KCl + Br_2$	(←p.91)
✓	$Br_2 + 2KI \longrightarrow 2KBr + I_2$	(←p.91)
✓	$Br_2 + H_2 \longrightarrow 2HBr$	(←p.92)
✓	$2AgBr \xrightarrow{\text{光}} 2Ag + Br_2$	(←p.93)
✓	$Br_2 + H_2O \rightleftharpoons HBr + HBrO$ 　　　　　　　　　　次亜臭素酸	(←p.94)

ヨウ素		
✓	$2HI + MnO_2 + H_2SO_4 \xrightarrow{\text{硫酸酸性}} MnSO_4 + 2H_2O + I_2$ ヨウ化水素	(←p.49)
✓	$I_2 + SO_2 + 2H_2O \longrightarrow 2HI + H_2SO_4$	(←p.50)
✓	$2KI + O_3 + H_2O \longrightarrow 2KOH + O_2 + I_2$ 　　　オゾン	(←p.50,100)
✓	$2KI + H_2O_2 + H_2SO_4 \longrightarrow K_2SO_4 + I_2 + 2H_2O$ 　　　過酸化水素　　　　　　　硫酸カリウム	(←p.50)
✓	$I_2 + H_2S \longrightarrow 2HI + S$	(←p.50)
✓	$I_2 + H_2 \longrightarrow 2HI$	(←p.92)
✓	$I_2 + KI \rightleftharpoons K^+ + I_3^-$	(←p.95)

108

◎ ここで確認! フッ素とフッ化水素に関する反応式

フッ素
$F_2 + H_2 \longrightarrow 2HF$ フッ化水素 ($\leftarrow$p.92)
$2F_2 + 2H_2O \longrightarrow 4HF + O_2$ ($\leftarrow$p.94)

フッ化水素
$SiO_2 + 6HF \longrightarrow H_2SiF_6 + 2H_2O$ 二酸化ケイ素　ヘキサフルオロケイ酸 ($\leftarrow$p.95)
$CaF_2 + H_2SO_4 \xrightarrow{加熱} CaSO_4 + 2HF$ フッ化カルシウム(蛍石)　濃硫酸 ($\leftarrow$p.42,95,99)

◎ ここで確認! 酸素とオゾンと水に関する反応式

$3O_2 \underset{}{\overset{紫外線}{\rightleftarrows}} 2O_3$ オゾン ($\leftarrow$p.96)
$2KI + O_3 + H_2O \longrightarrow 2KOH + O_2 + I_2$ ($\leftarrow$p.50,100)
$2KMnO_4 + 5H_2O_2 + 3H_2SO_4 \xrightarrow{硫酸酸性} K_2SO_4 + 2MnSO_4 + 5O_2 + 8H_2O$ 過マンガン酸カリウム　　　　　硫酸カリウム　硫酸マンガン(II) ($\leftarrow$p.48)
$2H_2S + 3O_2 \longrightarrow 2H_2O + 2SO_2$ ($\leftarrow$p.89)
$2H_2O + 2F_2 \longrightarrow 4HF + O_2$ ($\leftarrow$p.94)
$2H_2O_2 \xrightarrow[(触媒)]{MnO_2} 2H_2O + O_2$ ($\leftarrow$p.96,97)
$2NO + O_2 \rightleftarrows 2NO_2$ 一酸化窒素 ($\leftarrow$p.101,102)
$S + O_2 \xrightarrow{燃焼} SO_2$ ($\leftarrow$p.87,98)
$2SO_2 + O_2 \xrightarrow[(触媒)]{V_2O_5} 2SO_3$ 三酸化硫黄 ($\leftarrow$p.103)
$HCOOH \xrightarrow[加熱]{濃硫酸} H_2O + CO$ ギ酸 ($\leftarrow$p.97)

きゃー!　きゃー!

◎ ここで確認! **硫化水素と二酸化硫黄に関する反応式**

硫化水素
✓ $2H_2S + SO_2 \longrightarrow 2H_2O + 3S$　(←p.50)
✓ $3H_2S + 2HNO_3 \longrightarrow 3S + 2NO + 4H_2O$　(←p.49)
✓ $H_2S + Cl_2 \longrightarrow 2HCl + S$　(←p.50)
✓ $I_2 + H_2S \longrightarrow 2HI + S$　(←p.50)
✓ $2H_2S + 3O_2 \longrightarrow 2H_2O + 2SO_2$　(←p.89)
✓ $H_2S + (CH_3COO)_2Pb \longrightarrow PbS + 2CH_3COOH$　酢酸鉛(Ⅱ)　酢酸　(←p.100)
✓ $FeS + H_2SO_4 \longrightarrow FeSO_4 + H_2S$　硫化鉄(Ⅱ)　硫酸鉄(Ⅱ)　(←p.98)

二酸化硫黄
✓ $SO_2 + H_2O \longrightarrow H_2SO_3$　亜硫酸　(←p.88)
✓ $2SO_2 + O_2 \xrightarrow[(触媒)]{V_2O_5} 2SO_3$　三酸化硫黄　(←p.103)
✓ $S + O_2 \xrightarrow{酸化} SO_2$　(←p.87,98)

◎ ここで確認! **硫酸に関する反応式**

✓ $Cl_2 + Na_2S_2O_3 + H_2O \longrightarrow 2NaCl + H_2SO_4 + S$　チオ硫酸ナトリウム　(←p.50)
✓ $SO_3 + H_2O \longrightarrow H_2SO_4$　三酸化硫黄　(←p.103)
✓ $Zn + H_2SO_4 \longrightarrow ZnSO_4 + H_2$　希硫酸　(←p.61,97)
✓ $NaCl + H_2SO_4 \xrightarrow{加熱} NaHSO_4 + HCl$　濃硫酸　硫酸水素ナトリウム　(←p.42,99)
✓ $Cu + 2H_2SO_4 \longrightarrow CuSO_4 + SO_2 + 2H_2O$　熱濃硫酸　(←p.64,98)
✓ $CaF_2 + H_2SO_4 \xrightarrow{加熱} CaSO_4 + 2HF$　フッ化カルシウム(蛍石)　濃硫酸　フッ化水素　(←p.42,95,99)

110

◎ ここで確認! 窒素とリンに関する反応式

窒素	
✓	$N_2 + 3H_2 \underset{\longleftarrow}{\overset{Fe(触媒)}{\longrightarrow}} 2NH_3$ (←p.102)
✓	$NH_4NO_2 \xrightarrow{加熱} N_2 + 2H_2O$ 亜硝酸アンモニウム (←p.97)
✓	$NaNO_2 + NH_4Cl \xrightarrow{加熱} N_2 + NaCl + 2H_2O$ 亜硝酸ナトリウム　塩化アンモニウム (←p.97)
リン	
✓	$P_4O_{10} + 6H_2O \longrightarrow 4H_3PO_4$ 十酸化四リン　(温水)　　　　　リン酸 (←p.88)
✓	$4P + 5O_2 \xrightarrow{酸化} P_4O_{10}$ (←p.87)

◎ ここで確認! 硝酸とアンモニアに関する反応式

硝酸	
✓	$3H_2S + 2HNO_3 \longrightarrow 3S + 2NO + 4H_2O$ 　　　　　希硝酸 (←p.49)
✓	$3NO_2 + H_2O \longrightarrow 2HNO_3 + NO$ 　　　　(温水) (←p.102)
✓	$3Cu + 8HNO_3 \longrightarrow 3Cu(NO_3)_2 + 4H_2O + 2NO$ 　　　希硝酸 (←p.64,95,98)
✓	$Cu + 4HNO_3 \longrightarrow Cu(NO_3)_2 + 2H_2O + 2NO_2$ 　　　濃硝酸 (←p.64,95,98)

アンモニア

$HCl + NH_3 \longrightarrow NH_4Cl$	$(\leftarrow p.33)$
$Cu(OH)_2 + 4NH_3 \longrightarrow [Cu(NH_3)_4]^{2+} + 2OH^-$ 水酸化銅(Ⅱ)　　(過剰量)　　テトラアンミン銅(Ⅱ)イオン(深青色溶液)	$(\leftarrow p.56)$
$ZnCl_2 + 4NH_3 \longrightarrow [Zn(NH_3)_4]^{2+} + 2Cl^-$ 　　　(過剰量)　　テトラアンミン亜鉛(Ⅱ)イオン(無色溶液)	$(\leftarrow p.56)$
$Ag_2O + 4NH_3 + H_2O \longrightarrow 2[Ag(NH_3)_2]^+ + 2OH^-$ 酸化銀　　(過剰量)　　ジアンミン銀(Ⅰ)イオン(無色溶液)	$(\leftarrow p.56)$
$N_2 + 3H_2 \underset{}{\overset{Fe(触媒)}{\rightleftarrows}} 2NH_3$	$(\leftarrow p.102)$
$2NH_4Cl + Ca(OH)_2 \xrightarrow{加熱} CaCl_2 + 2H_2O + 2NH_3$	$(\leftarrow p.41,98)$
$4NH_3 + 5O_2 \xrightarrow[(触媒)]{Pt} 4NO + 6H_2O$	$(\leftarrow p.102)$
$2NH_3 + CO_2 \longrightarrow (NH_2)_2CO + H_2O$ 　　　　　　　　　　尿素	$(\leftarrow p.96)$

ゴゴゴ…

まだまだここからじゃ～！

えっ！

うわ～!!

◎ ここで確認! 二酸化炭素と炭酸塩・炭酸水素塩に関する反応式

$CO_2 + C \xrightarrow{加熱} 2CO$	$(\leftarrow p.90,103)$
$C + O_2 \xrightarrow{酸化} CO_2$	$(\leftarrow p.87)$
$CaCO_3 + H_2O + CO_2 \rightleftharpoons Ca(HCO_3)_2$ 炭酸カルシウム　　　　　　　炭酸水素カルシウム	$(\leftarrow p.101)$
$CaCO_3 \xrightarrow{加熱} CaO + CO_2$	$(\leftarrow p.38,105)$
$CaCO_3 + 2HCl \longrightarrow CaCl_2 + H_2O + CO_2$	$(\leftarrow p.41,97)$
$Ca(OH)_2 + CO_2 \longrightarrow CaCO_3 + H_2O$	$(\leftarrow p.33,101)$
$NaCl + H_2O + NH_3 + CO_2 \longrightarrow NaHCO_3 + NH_4Cl$ 　　　　　　　　　　　　　　　炭酸水素ナトリウム	$(\leftarrow p.105)$
$2NaHCO_3 \xrightarrow{加熱} Na_2CO_3 + H_2O + CO_2$ 　　　　　　　炭酸ナトリウム	$(\leftarrow p.105)$

◎ ここで確認！ 二酸化ケイ素とケイ酸塩に関する反応式

✓	$SiO_2 + 2C \xrightarrow{\text{加熱}} Si + 2CO$ 二酸化ケイ素	(←p.90)
✓	$SiO_2 + 6HF \longrightarrow H_2SiF_6 + 2H_2O$ フッ化水素酸　　　　ヘキサフルオロケイ酸	(←p.95)
✓	$SiO_2 + 4HF(気) \xrightarrow{\text{加熱}} SiF_4 + 2H_2O$ フッ化水素　　四フッ化ケイ素	(←p.95)

◎ ここで確認！ アルミニウムの単体と化合物に関する反応式

✓	$4Al + 3O_2 \xrightarrow{\text{酸化}} 2Al_2O_3$ 酸化アルミニウム（アルミナ）	(←p.39)
✓	$2Al + 3H_2O \longrightarrow Al_2O_3 + 3H_2$ （高温の水蒸気）	(←p.63)
✓	$2Al + 3H_2SO_4 \longrightarrow Al_2(SO_4)_3 + 3H_2$ 硫酸アルミニウム	(←p.60)
✓	$2Al + 6HCl \longrightarrow 2AlCl_3 + 3H_2$ 塩化アルミニウム	(←p.60)
✓	$Al(OH)_3 + 3HCl \longrightarrow AlCl_3 + 3H_2O$ 水酸化アルミニウム	(←p.34)
✓	$AlCl_3 + 3NH_3 + 3H_2O \longrightarrow Al(OH)_3 + 3NH_4Cl$ （少量）　　　　　　　　（白色ゲル状沈殿）	(←p.53)
✓	$2Al + 2NaOH + 6H_2O \longrightarrow 2Na[Al(OH)_4] + 3H_2$ （過剰量）　　　　　テトラヒドロキシドアルミン酸ナトリウム	(←p.59)
✓	$Al_2O_3 + 2NaOH + 3H_2O \longrightarrow 2Na[Al(OH)_4]$ （過剰量）	(←p.58)
✓	$Al(OH)_3 + NaOH \longrightarrow Na[Al(OH)_4]$ （過剰量）	(←p.54)
✓	$AlCl_3 + 4NaOH \longrightarrow Na[Al(OH)_4] + 3NaCl$ （過剰量）	(←p.55)

もう疲れたよ〜
そろそろ寝ようよ〜

いや
もう少しじゃ！

◎ここで確認！ **ナトリウムの単体と化合物に関する反応式**

✓	$2Na + Cl_2 \longrightarrow 2NaCl$
	(←p.50)
✓	$2Na + 2H_2O \longrightarrow 2NaOH + H_2$
	(←p.63)
✓	$4Na + O_2 \xrightarrow{\text{酸化}} 2Na_2O$
	(←p.39)

◎ここで確認！ **カルシウムの単体と化合物に関する反応式**

✓	$Ca + 2H_2O \longrightarrow Ca(OH)_2 + H_2$
	(←p.63)
✓	$CaC_2 + 2H_2O \longrightarrow Ca(OH)_2 + C_2H_2$
	炭化カルシウム(カーバイド)　　　　　　　アセチレン　　(←p.96)
✓	$2Ca + O_2 \xrightarrow{\text{酸化}} 2CaO$
	(←p.39)
✓	$Ca + 2HCl \longrightarrow CaCl_2 + H_2$
	(←p.60)

◎ここで確認！ **亜鉛の単体と化合物に関する反応式**

✓	$Zn + H_2O \longrightarrow ZnO + H_2$
	(高温の水蒸気)　　(←p.63)
✓	$2Zn + O_2 \xrightarrow{\text{酸化}} 2ZnO$
	(←p.39)
✓	$Zn + H_2SO_4 \longrightarrow ZnSO_4 + H_2$
	希硫酸　　(←p.61,97)
✓	$Zn(OH)_2 + 2HCl \longrightarrow ZnCl_2 + 2H_2O$
	(←p.34)
✓	$ZnCl_2 + 2NH_3 + 2H_2O \longrightarrow Zn(OH)_2 + 2NH_4Cl$
	(少量)　　　　　　　　　(白色ゲル状沈殿)　　(←p.53)
✓	$ZnCl_2 + 4NH_3 \longrightarrow [Zn(NH_3)_4]^{2+} + 2Cl^-$
	(過剰量)　　テトラアンミン亜鉛(Ⅱ)イオン(無色溶液)　(←p.56)
✓	$Zn(OH)_2 + 4NH_3 \longrightarrow [Zn(NH_3)_4]^{2+} + 2OH^-$
	(過剰量)　　(←p.56)
✓	$Zn + 2NaOH + 2H_2O \longrightarrow Na_2[Zn(OH)_4] + H_2$
	(過剰量)　　　テトラヒドロキシド亜鉛(Ⅱ)酸ナトリウム　(←p.59)
✓	$ZnO + 2NaOH + H_2O \longrightarrow Na_2[Zn(OH)_4]$
	(過剰量)　　(←p.58)
✓	$Zn(OH)_2 + 2NaOH \longrightarrow Na_2[Zn(OH)_4]$
	(過剰量)　　(←p.54)

◎ ここで確認! スズ・鉛の単体と化合物に関する反応式

スズ

✓	$Sn + 2HCl \longrightarrow SnCl_2 + H_2$ 　　　　　　　　塩化スズ(Ⅱ)	(←p.61)
✓	$SnCl_2 + 2NaOH \longrightarrow Sn(OH)_2 + 2NaCl$ 塩化スズ(Ⅱ)　(少量)　　水酸化スズ(Ⅱ)(白色沈殿)	(←p.53)
✓	$SnCl_4 + 4NaOH \longrightarrow Sn(OH)_4 + 4NaCl$ 塩化スズ(Ⅳ)　(少量)　　水酸化スズ(Ⅳ)(白色ゲル状沈殿)	(←p.53)
✓	$Sn(OH)_2 + 2NaOH \longrightarrow Na_2[Sn(OH)_4]$ 水酸化スズ(Ⅱ)　(過剰量)　テトラヒドロキシドスズ(Ⅱ)酸ナトリウム	(←p.54)
✓	$Sn(OH)_4 + 2NaOH \longrightarrow Na_2[Sn(OH)_6]$ 水酸化スズ(Ⅳ)　(過剰量)　ヘキサヒドロキシドスズ(Ⅳ)酸ナトリウム	(←p.54)

鉛

✓	$PbO_2 + Pb + 2H_2SO_4 \longrightarrow 2PbSO_4 + 2H_2O$ 酸化鉛(Ⅳ)	(←p.50)
✓	$PbO + C \xrightarrow{加熱} Pb + CO$ 酸化鉛(Ⅱ)	(←p.90)
✓	$PbO + 2NaOH + H_2O \longrightarrow Na_2[Pb(OH)_4]$ 　　(過剰量)　　　　テトラヒドロキシド鉛(Ⅱ)酸ナトリウム	(←p.58)
✓	$Pb(OH)_2 + 2NaOH \longrightarrow Na_2[Pb(OH)_4]$ 　　　(過剰量)	(←p.54)
✓	$Pb(OH)_2 + 2HNO_3 \longrightarrow Pb(NO_3)_2 + 2H_2O$ 　　　　　　　　　硝酸鉛(Ⅱ)	(←p.34)
✓	$PbCl_2 + 2NH_3 + 2H_2O \longrightarrow Pb(OH)_2 + 2NH_4Cl$ 　　(少量)　　　　　水酸化鉛(Ⅱ)(白色沈殿)	(←p.53)

◎ ここで確認！ 鉄の単体と化合物に関する反応式

✓	Fe + 2HCl ⟶ FeCl₂ + H₂ 塩化鉄(Ⅱ)	(←p.61)
✓	FeS + H₂SO₄ ⟶ FeSO₄ + H₂S 硫化鉄(Ⅱ)	(←p.98)
✓	2FeCl₂ + Cl₂ ⟶ 2FeCl₃ 塩化鉄(Ⅲ)	(←p.50)
✓	Fe₂O₃ + 6HCl ⟶ 2FeCl₃ + 3H₂O 酸化鉄(Ⅲ)	(←p.35)
✓	Fe₂O₃ + 2Al —加熱→ 2Fe + Al₂O₃	(←p.65)

もう少しじゃから仲良く頑張ってほしいぞい

まぁハカセがそう言うニャら……

やるけどね

◎ ここで確認！ 鉄の単体と化合物に関する反応式

	反応式	参照
✓	$Fe + 2HCl \longrightarrow FeCl_2 + H_2$ 塩化鉄(Ⅱ)	(←p.61)
✓	$FeS + H_2SO_4 \longrightarrow FeSO_4 + H_2S$ 硫化鉄(Ⅱ)	(←p.98)
✓	$2FeCl_2 + Cl_2 \longrightarrow 2FeCl_3$ 塩化鉄(Ⅲ)	(←p.50)
✓	$Fe_2O_3 + 6HCl \longrightarrow 2FeCl_3 + 3H_2O$ 酸化鉄(Ⅲ)	(←p.35)
✓	$Fe_2O_3 + 2Al \xrightarrow{加熱} 2Fe + Al_2O_3$	(←p.65)

もう少しじゃから仲良く頑張ってほしいぞい

まぁハカセがそう言うニャら……

やるけどね

◎ ここで確認！ 銅と銀の単体と化合物に関する反応式

銅	
✓	$Cu + Cl_2 \longrightarrow CuCl_2$ (←p.50)
✓	$2Cu + O_2 \xrightarrow{\text{酸化}} 2CuO$ 酸化銅（Ⅱ） (←p.39)
✓	$4Cu + O_2 \xrightarrow[\text{強熱}]{\text{酸化}} 2Cu_2O$ 酸化銅（Ⅰ） (←p.39)
✓	$Cu + 2H_2SO_4 \longrightarrow CuSO_4 + SO_2 + 2H_2O$ 熱濃硫酸 (←p.64,98)
✓	$Cu + 4HNO_3 \longrightarrow Cu(NO_3)_2 + 2NO_2 + 2H_2O$ 濃硝酸 (←p.64,95,98)
✓	$3Cu + 8HNO_3 \longrightarrow 3Cu(NO_3)_2 + 4H_2O + 2NO$ 希硝酸 (←p.64,95,98)
✓	$Cu + 2AgNO_3 \longrightarrow Cu(NO_3)_2 + 2Ag$ (←p.66)
✓	$CuO + 2HCl \longrightarrow CuCl_2 + H_2O$ (←p.35)
✓	$Cu(OH)_2 \xrightarrow{\text{加熱}} CuO + H_2O$ (←p.37)
✓	$Cu(OH)_2 + 2HCl \longrightarrow CuCl_2 + 2H_2O$ (←p.34)
✓	$Cu(OH)_2 + 4NH_3 \longrightarrow [Cu(NH_3)_4]^{2+} + 2OH^-$ （過剰量）　テトラアンミン銅（Ⅱ）イオン（深青色溶液） (←p.56)
✓	$CuSO_4 + 5H_2O \longrightarrow CuSO_4 \cdot 5H_2O$ 硫酸銅（Ⅱ）五水和物 (←p.95)
銀	
✓	$2Ag + 2H_2SO_4 \longrightarrow Ag_2SO_4 + SO_2 + 2H_2O$ (←p.64)
✓	$2AgBr \xrightarrow{\text{光}} 2Ag + Br_2$ (←p.93)
✓	$2AgNO_3 + Cu \longrightarrow Cu(NO_3)_2 + 2Ag$ (←p.66)
✓	$2AgNO_3 + 2NH_3 + H_2O \longrightarrow Ag_2O + 2NH_4NO_3$ （少量）　　　（褐色沈殿）　硝酸アンモニウム (←p.53)
✓	$AgNO_3 + 2NH_3 \longrightarrow [Ag(NH_3)_2]^+ + NO_3^-$ （過剰量）　ジアンミン銀（Ⅰ）イオン（無色溶液） (←p.56)
✓	$Ag_2O + 4NH_3 + H_2O \longrightarrow 2[Ag(NH_3)_2]^+ + 2OH^-$ （過剰量） (←p.56)

Chapter2
終わった〜

お互い
頑張ったね〜

Chapter3は
有機化学よ

有機化学の反応式

3-1 ① 中和反応

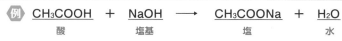

$$\underline{CH_3COOH} \quad + \quad \underline{NaOH} \quad \longrightarrow \quad \underline{CH_3COONa} \quad + \quad \underline{H_2O}$$

酸　　　　　　　塩基　　　　　　　　　　塩　　　　　　　水

（酸と塩基が反応すると，塩と水が生成される。）

POINT　酸の官能基と塩基の官能基を見抜こう！

有機化合物にも中和反応はあり，酸と塩基が反応して塩と水を生成します。ポイントは，酸の官能基と，塩基の官能基を見抜くこと。そうすれば，有機化合物の中和反応が見抜けるはずです。

◆酸性を示す官能基

-COOH

例：ギ酸 HCOOH　　　シュウ酸 (COOH)₂　　　酢酸 CH₃COOH

安息香酸 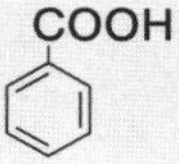　　　サリチル酸

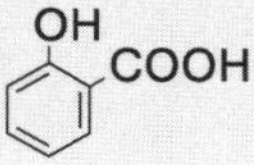

-SO₃H

例：ベンゼンスルホン酸

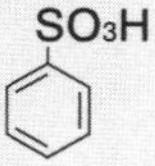

-OH（フェノール類）

例：フェノール 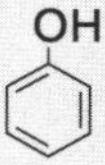　　　サリチル酸

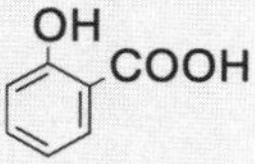

サリチル酸ナトリウム

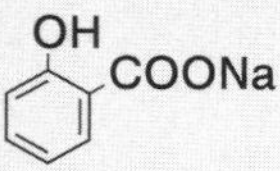

◆塩基性を示す官能基

$-NH_2$

例：アニリン $\underset{}{\bigcirc}^{NH_2}$

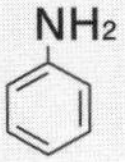

◎ここで覚えたい！「中和反応」の反応式①

✓	$HCOOH + NaOH \longrightarrow HCOONa + H_2O$ 　ギ酸　　　　　　　　　　　ギ酸ナトリウム
✓	$CH_3COOH + NaOH \longrightarrow CH_3COONa + H_2O$ 　酢酸　　　　　　　　　　　酢酸ナトリウム
✓	$2CH_3COOH + Ca(OH)_2 \longrightarrow (CH_3COO)_2Ca + 2H_2O$ 　　　　　　　　　　　　　　　　　酢酸カルシウム
✓	$(COOH)_2 + Ca(OH)_2 \longrightarrow (COO)_2Ca + 2H_2O$ 　シュウ酸　　　　　　　　　シュウ酸カルシウム

ここからは
私にまかせて！

ミミーちゃんと
ボクがいれば
カンペキさ～

おぉっ！
ミミーくん
頼もしいのぅ

おい…
態度が違い
すぎるだろ

120

◎ ここで覚えたい！「中和反応」の反応式②

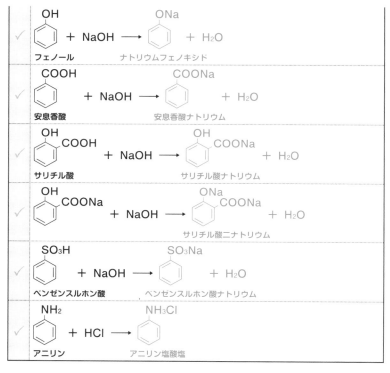

ベンゼン環が出てくる反応式は変化がわかりやすいね！

官能基を忘れた人はp.22を見直すのよ！

3-1 ② 弱酸の遊離

例　$\underline{CH_3COONa}$　+　$\underline{HCl}$　⟶　$\underline{CH_3COOH}$　+　$\underline{NaCl}$
弱酸＋強塩基の　　　　　強酸　　　　　　　　弱酸　　　　　　　塩
反応で生じた塩

（弱酸＋強塩基の反応で生じた塩と強酸が反応すると，もとの弱酸と塩が生成する。）

POINT　有機では，酸の強弱関係を覚えなければならない！

弱酸の遊離は，有機化学でも登場します。弱酸の遊離を考える際，強酸なのか弱酸なのかを見抜き，反応が進むかどうかを判定させる問題が出題されます。

無機化学で登場する酸は，強酸と弱酸で明確に区別されていたため，塩と酸が反応するかどうかはすぐに判定することができました。

HCl, HNO_3, H_2SO_4 ≫ H_2CO_3, H_3PO_4, H_2S
　　　強酸　　　　　　　　　　　　　弱酸

一方，有機化学で登場する酸には，次のような強弱関係があることを知っていなければなりません。

HCl, H_2SO_4 ＞ $R\text{-}SO_3H$ ＞ $R\text{-}COOH$ ＞ H_2CO_3 ＞ $R\text{-}OH$
　　　　　　　　　スルホン酸　　カルボン酸　　　炭酸　　フェノール類

次のゴロ合わせで覚えてしまいましょう。

ゴロで覚えよう

「　有　酸　素　運　動　する　か？　　タ　フ　」
有機化合物の酸性：スルホン酸＞カルボン酸＞炭酸＞フェノール類

例えば，$HCOONa$ + C_6H_5OH という反応について考えてみましょう。
$HCOONa$ は，酸 $HCOOH$ と強塩基 $NaOH$ が中和してできた塩です。そこに酸 C_6H_5OH を加えても，酸の強さは $HCOOH＞C_6H_5OH$ なので反応しません。このように，有機化学では酸の強弱を頭に入れておくことがものすごく重要になります。

122

◎ ここで覚えたい!「弱酸の遊離」の反応式

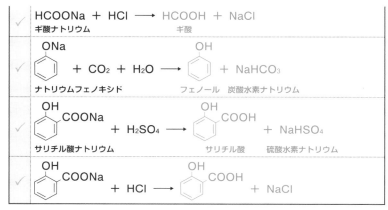

もちろん，**弱塩基の遊離**も有機化学で登場しますが，おさえておきたい反応式は1つだけなので，ついでにセットで覚えてしまいましょう。

◎ ここで覚えたい!「弱塩基の遊離」の反応式

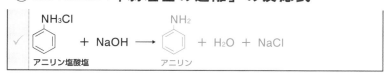

3-2 | アルコール, アルデヒド, カルボン酸の反応

3-2① −OH基＋Na

> **例**
> $2C_2H_5OH$ ＋ $2Na$ ⟶ $2C_2H_5ONa$ ＋ H_2
> −OHをもった　　ナトリウム　　アルコールの　　水素
> 有機化合物　　　　　　　　　ナトリウム塩
>
> (−OH基は単体のナトリウムNaと反応し, ナトリウム塩と水素が生成する。)

POINT① Naは水素よりもイオン化傾向が大きく, −OHを −ONaに置換する!

アルコールとNaが反応すると, −OH基のHとNaが置換します。これは, NaのほうがH^+よりもイオンになりやすいため, Na自身はNa^+となり, −OH基に存在するH^+がH_2として発生するからです。

◎ ここで覚えたい!「−OH基＋Na」の反応式①　～アルコールとNa～

✓ $2C_2H_5OH$ ＋ $2Na$ ⟶ $2C_2H_5ONa$ ＋ H_2
エタノール　　　　　　　ナトリウムエトキシド

アルコールだけでなく, フェノール(ベンゼン環に直接−OH基がついている有機化合物)も, まったく同じ反応を示します。

◎ ここで覚えたい!「−OH基＋Na」の反応式②　～フェノールとNa～

✓ 　OH　　　　　　　　　　　　ONa
　2 ⬡ ＋ $2Na$ ⟶ 2 ⬡ ＋ H_2
　フェノール　　　　ナトリウムフェノキシド

POINT② 有機化合物にNaを加えて反応したら，−OH基を もっている！

単体Na（金属）を入れて反応したということは，−OHをもっているということと同義です。−OH基は，有機化合物の金属探知機のようなものと覚えておきましょう。

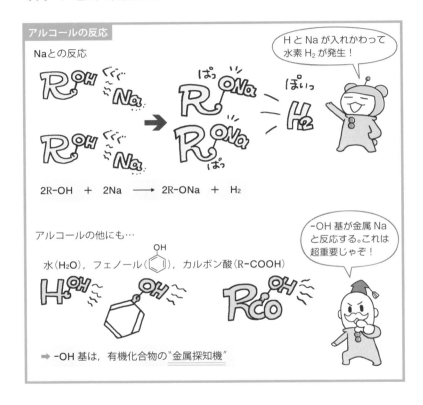

アルコールの反応

Naとの反応

HとNaが入れかわって 水素H_2が発生！

$2R-OH + 2Na \longrightarrow 2R-ONa + H_2$

−OH基が金属Naと反応する。これは超重要じゃぞ！

アルコールの他にも…

水（H_2O），フェノール，カルボン酸（$R-COOH$）

➡ −OH基は，有機化合物の"金属探知機"

3-2② ヨードホルム反応

> **例** $\underline{(CH_3)_2CO} + \underline{3I_2} + \underline{4NaOH} \longrightarrow \underline{CH_3COONa} + \underline{3NaI} + \underline{CHI_3} + \underline{3H_2O}$
> 　　特定の構造　ヨウ素　水酸化　　　　カルボン酸の　ヨウ化　ヨード　水
> 　　　　　　　　　　　　ナトリウム　　　ナトリウム塩　ナトリウム　ホルム
>
> （特定の構造にヨウ素と水酸化ナトリウム水溶液を加えると，
> 　ヨードホルムが生成する。）

POINT①　**ヨードホルム反応を示したら，CH_3-CO-Rか
CH_3-CH(OH)-Rの構造をもっている！**

ヨードホルム反応とは，ヨウ素 I_2 と水酸化ナトリウム水溶液 NaOH を加えたとき，もとの有機化合物より炭素数の1つ少ないカルボン酸の水酸化ナトリウム塩と，ヨウ化ナトリウム NaI，ヨードホルム CHI_3，水 H_2O が生成する反応です。CHI_3 は，特異臭をもつ黄色の結晶です。次の構造をもっていると，ヨードホルム反応を示します。

$$
\begin{array}{c}
\quad\ \ \overset{\displaystyle O}{\underset{\displaystyle \|}{}} \\
CH_3-C- \quad (アルデヒドやケトン)
\end{array}
$$

$$
\begin{array}{c}
\quad\ \ OH \\
\quad\ \ | \\
CH_3-C- \quad (アルコール) \\
\quad\ \ | \\
\quad\ \ H
\end{array}
$$

POINT②　**ヨードホルム CHI_3 が生成することはよく問われる！**

反応式自体はあまり問われませんが，ヨードホルムの化学式 CHI_3 を答えさせるものはありますので，これは必ず覚えておきましょう。

◎ ここで覚えたい！「ヨードホルム反応」の反応式

✓	$(CH_3)_2CO + 3I_2 + 4NaOH \longrightarrow CH_3COONa + 3NaI + CHI_3 + 3H_2O$
	アセトン　　　　　　　　　　　　　　酢酸ナトリウム　　　　　　ヨードホルム
✓	$CH_3CHO + 3I_2 + 4NaOH \longrightarrow HCOONa + 3NaI + CHI_3 + 3H_2O$
	アセトアルデヒド　　　　　　　　　　ギ酸ナトリウム
✓	$C_2H_5OH + 4I_2 + 6NaOH \longrightarrow HCOONa + 5NaI + CHI_3 + 5H_2O$
	エタノール

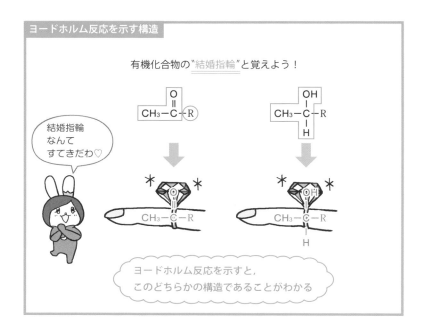

ヨードホルム反応を示す構造

有機化合物の"結婚指輪"と覚えよう！

ヨードホルム反応を示すと，
このどちらかの構造であることがわかる

有機化合物の結婚指輪が
含まれていると
ヨードホルム反応が
見られるんじゃ

ボクもミミーちゃんに
プレゼントできたらな〜

3-2 ③ エステル化

例 C₂H₅OH ＋ CH₃COOH $\xrightarrow{\text{加熱}}$ CH₃COOC₂H₅ ＋ H₂O
アルコール　　　　カルボン酸　　　　　　　　　エステル　　　　　水

(アルコールとカルボン酸が反応すると，エステルと水が得られる。)

POINT ① 「アルコール＋カルボン酸→エステル＋水」は定番！

アルコールとカルボン酸を反応させると，**エステル**が生成します。この反応を**エステル化**といいます。

エステルとは，**エステル結合** R-COO-R′ をもつ有機化合物のことを指します（→p.22）。

R′-OH ＋ R-COOH ⟶ R-CO-O-R′ ＋ H₂O
アルコール　カルボン酸　　　　エステル

POINT ② 生成する水がどうやって生成するかに注意！

この際に生じる水は，アルコールの -OH 基のHと，カルボン酸の -COOH 基の OH が結合して生じたものです。つまり，エステル結合 -C-O- の O は，アルコール由来のものなのです。

◎ ここで覚えたい！「エステル化」の反応式 ①

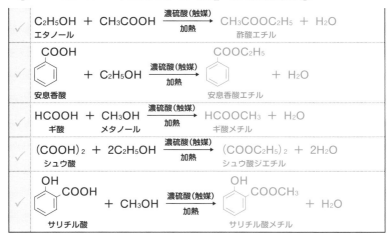

✓	C₂H₅OH ＋ CH₃COOH $\xrightarrow[\text{加熱}]{\text{濃硫酸（触媒）}}$ CH₃COOC₂H₅ ＋ H₂O エタノール　　　　　　　　　　　　　　　　　酢酸エチル
✓	(安息香酸) COOH ＋ C₂H₅OH $\xrightarrow[\text{加熱}]{\text{濃硫酸（触媒）}}$ (安息香酸エチル) COOC₂H₅ ＋ H₂O
✓	HCOOH ＋ CH₃OH $\xrightarrow[\text{加熱}]{\text{濃硫酸（触媒）}}$ HCOOCH₃ ＋ H₂O ギ酸　　　メタノール　　　　　　　　　　　ギ酸メチル
✓	(COOH)₂ ＋ 2C₂H₅OH $\xrightarrow[\text{加熱}]{\text{濃硫酸（触媒）}}$ (COOC₂H₅)₂ ＋ 2H₂O シュウ酸　　　　　　　　　　　　　　　　シュウ酸ジエチル
✓	(サリチル酸) OH-COOH ＋ CH₃OH $\xrightarrow[\text{加熱}]{\text{濃硫酸（触媒）}}$ (サリチル酸メチル) OH-COOCH₃ ＋ H₂O

POINT ③ 「アルコール＋無水酢酸→エステル」

アルコールは無水酢酸とも反応しますが，この場合，水は生じません。
フェノールやセルロースも同様に反応します。
フェノールやセルロースと無水酢酸との反応は，**アセチル化**（有機化合物にアセチル
基 CH_3CO- を導入する反応）としても出てくるので覚えておきましょう。

◎ ここで覚えたい！「エステル化」の反応式②

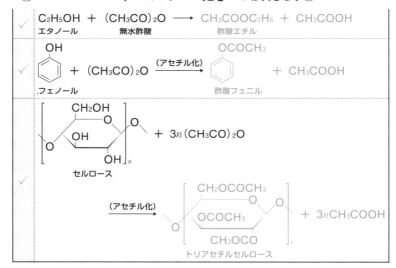

POINT ④ カルボン酸の置換体も，エステル反応を起こす！

また，カルボン酸のカルボキシ基（$-COOH$）が $-COCl$ に置き換わった物質とも，エ
ステル化反応を起こします。

◎ ここで覚えたい！「エステル化」の反応式③

✓	$C_2H_5OH + CH_3COCl \xrightarrow{(アセチル化)} CH_3COOC_2H_5 + HCl$ 塩化アセチル
✓	$C_2H_5ONa + CH_3COCl \xrightarrow{(アセチル化)} CH_3COOC_2H_5 + NaCl$ ナトリウムエトキシド

3-2④ エステルの加水分解

> **例** $CH_3COOC_2H_5$ ＋ H_2O $\xrightarrow{加熱}$ CH_3COOH ＋ C_2H_5OH
> 　　エステル　　　　　水　　　　　　　　　カルボン酸　　アルコール
>
> （エステルに水を加えて加熱すると，カルボン酸とアルコールが得られる。）

POINT 「アルコール＋カルボン酸→エステル＋水」の逆！

エステル化と**エステルの加水分解**を比較してみましょう。

◆エステル化

$C_2H_5OH + CH_3COOH \longrightarrow CH_3COOC_2H_5 + H_2O$

◆エステルの加水分解

$CH_3COOC_2H_5 + H_2O \longrightarrow CH_3COOH + C_2H_5OH$

エステル化の逆反応がエステルの加水分解になっていますね。この通り，エステル化とエステルの加水分解は**可逆反応**です。

$$R\text{-}COOH + R'\text{-}OH \underset{加水分解}{\overset{エステル化}{\rightleftharpoons}} R\text{-}CO\text{-}O\text{-}R' + H_2O$$

◎ここで覚えたい！「エステルの加水分解」の反応式

✓	$CH_3COOC_2H_5 + H_2O \xrightarrow{加熱} CH_3COOH + C_2H_5OH$ 酢酸エチル　　　　　　　　　　　　　　エタノール	
✓	R^1COOCH_2 $\|$ $R^2COOCH + 3H_2O \xrightarrow[(触媒)]{希硫酸}$ $\|$ R^3COOCH_2 油脂	R^1COOH ＋ R^2COOH ＋ R^3COOH 高級脂肪酸	$HO-CH_2$ $\|$ $HO-CH$ $\|$ $HO-CH_2$ グリセリン

これもとても重要よ

3-2⑤ エステルのけん化

例 <u>CH₃COOC₂H₅</u> + <u>NaOH</u> $\xrightarrow{\text{加熱}}$ <u>CH₃COONa</u> + <u>C₂H₅OH</u>
エステル   強塩基   カルボン酸の塩 アルコール

（エステルに強塩基を加えて加熱すると，
カルボン酸の塩とアルコールが生成する。）

POINT① エステルの加水分解では水を加えていたが，けん化では強塩基を加える！

前ページで勉強した「エステルの加水分解」はエステルに水を加えて加熱していましたが，今回は強塩基を加えているところがポイントです。この反応を**けん化**といいます。違いを比較してみましょう。

◆エステルの加水分解

$$CH_3COOC_2H_5 + H_2O \rightleftharpoons CH_3COOH + C_2H_5OH$$

◆エステルのけん化

$$CH_3COOC_2H_5 + NaOH \longrightarrow CH_3COONa + C_2H_5OH$$

「エステル＋強塩基」の反応であるけん化は，「アルコール＋カルボン酸」のエステル化や「エステル＋水」の加水分解とは違い，**一方向の反応**です。

$$R\text{-}COO\text{-}R' + NaOH \xrightarrow{\text{けん化}} R\text{-}COONa + R'OH$$

けん化は
不可逆反応なんじゃよ

酸の強さの関係（→p.121）
があるからね

POINT ② カルボン酸のナトリウム塩が生成することに注意！

注意すべきは，**アルコールのナトリウム塩ではなく，カルボン酸のナトリウム塩が生成**することです。これも必ず確認してください。

◎ ここで覚えたい！「エステルのけん化」の反応式

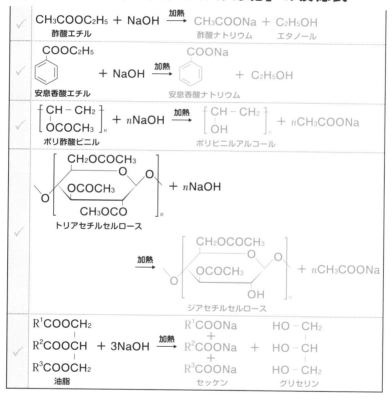

油脂をけん化するとセッケンになるんだね

3-2 ⑥ アルコールの酸化

第一級アルコール $\xrightarrow{\text{酸化}}$ アルデヒド $\xrightarrow{\text{酸化}}$ カルボン酸

第二級アルコール $\xrightarrow{\text{酸化}}$ ケトン

第一級アルコールを酸化させると，アルデヒドになり，
さらに酸化するとカルボン酸になる。
第二級アルコールを酸化させると，ケトンになる。

POINT ① 第一級アルコール，第二級アルコール，第三級アルコールを見抜こう！

アルコールの酸化については，化学反応式を求められることはほとんどありません。内容を理解しているか，ここで確認してみましょう。

アルコールは，第一級〜第三級で反応が変わるため，最初にそれを見抜く必要があります。まず，アルコールの-OH基がついているCを"選ばれしC"と呼ぶことにしましょう。この"選ばれしC"に結合しているCの数が1つのアルコールを**第一級アルコール**，2つのものを**第二級アルコール**，3つのものを**第三級アルコール**といいます。

POINT ② 第一級アルコール→アルデヒド→カルボン酸

第一級アルコールにはメタノール CH_3OH，エタノール C_2H_5OH，2-メチル-1-プロパノール $(CH_3)_2CHCH_2OH$，1-ブタノール $CH_3(CH_2)_3OH$ などがあります。

第一級アルコールが酸化されると，$-CH_2OH$ 基が $-CHO$ 基になり，アルデヒドと呼ばれる化合物となります。$-CHO$ 基はホルミル基という官能基です。

◎ ここで覚えたい！「アルコールの酸化」の反応式①

✓	$C_2H_5OH + (O)^{※} \longrightarrow CH_3CHO + H_2O$ **エタノール**　　　　　　　　アセトアルデヒド
✓	$CH_3OH + (O) \longrightarrow HCHO + H_2O$ **メタノール**　　　　　　ホルムアルデヒド
✓	$\begin{array}{c} CH_3 - CH - CH_2 - OH \\ \mid \\ CH_3 \end{array} + (O) \longrightarrow \begin{array}{c} CH_3 - CH - CHO \\ \mid \\ CH_3 \end{array} + H_2O$ **2-メチル-1-プロパノール**　　　　　　　2-メチルプロピオンアルデヒド
✓	$CH_3(CH_2)_3OH + (O) \longrightarrow CH_3(CH_2)_2CHO + H_2O$ **1-ブタノール**　　　　　　　　ブチルアルデヒド

※ (O) は酸化剤を表します。

こうしてできたアルデヒドは，さらに酸化すると，カルボン酸になります。

◎ ここで覚えたい!「アルデヒドの酸化」の反応式

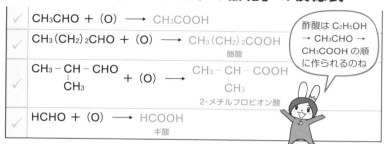

POINT ③ 第二級アルコール→ケトン

第二級アルコールとは，"選ばれしC"にCが2つ結合しているアルコールのことです。
2-ブタノール $C_2H_5CH(OH)CH_3$ などがそれにあたります。
このような第二級アルコールは，酸化されるとケトンになります。ケトンとは，$>C=O$ という構造をもつ化合物のことです。

◎ ここで覚えたい!「アルコールの酸化」の反応式②

$$C_2H_5-\underset{OH}{CH}-CH_3 + (O) \longrightarrow C_2H_5-\underset{O}{\overset{\|}{C}}-CH_3 + H_2O$$

2-ブタノール　　　　エチルメチルケトン

POINT ④ 第三級アルコールは酸化されない！

"選ばれしC"には-OH基が1つ結合しているので，"選ばれしC"に結合できるCの数は，最大で3つですね（炭素には結合できる手が4つあるので）。
なので，第三級アルコールも存在するのですが，第三級アルコールは酸化しないことが知られていますので，化学反応式はありません。

3-2 ⑦ カルボン酸，アルデヒド，ケトンの還元

カルボン酸 $\xrightarrow{\text{還元}}$ アルデヒド $\xrightarrow{\text{還元}}$ 第一級アルコール

ケトン $\xrightarrow{\text{還元}}$ 第二級アルコール

$$\left(\begin{array}{l}\text{カルボン酸を還元するとアルデヒドになり，}\\\text{アルデヒドを還元すると第一級アルコールになる。}\\\text{ケトンを還元すると第二級アルコールになる。}\end{array}\right)$$

POINT 「アルコールの酸化反応」の逆を考えよう！

先ほど3-2⑥で勉強したアルコールの酸化の逆が，還元です。カルボン酸を還元するとアルデヒドになりますし，アルデヒドを還元すると第一級アルコールになります。

◎ ここで覚えたい！「カルボン酸，アルデヒドの還元」の反応式

✓	$HCOOH + H_2 \longrightarrow HCHO + H_2O$
	ギ酸　　　　　　　　　ホルムアルデヒド
✓	$HCHO + H_2 \longrightarrow CH_3OH$
	メタノール
✓	$CH_3CHO + H_2 \longrightarrow C_2H_5OH$
	アセトアルデヒド　　　　エタノール

また，ケトンを還元すると，第二級アルコールになります。

◎ ここで覚えたい！「ケトンの還元」の反応式

✓	$\begin{array}{c}CH_3 - \underset{\underset{O}{\|}}{C} - CH_3\end{array} + H_2 \longrightarrow \begin{array}{c}CH_3 - \underset{\underset{OH}{\|}}{CH} - CH_3\end{array}$
	アセトン　　　　　　　　　　　2-プロパノール

酸化の逆反応なので，ここは大丈夫ですよね。

これならボクでもわかるよ

水素と反応＝還元ということよ！

3-2 ⑧ アルコールの脱水

例 C_2H_5OH $\xrightarrow[160\sim170℃]{濃硫酸}$ C_2H_4 ＋ H_2O （分子内脱水）
アルコール　　　　　　　　　　アルケン　　水

$2C_2H_5OH$ $\xrightarrow[130\sim140℃]{濃硫酸}$ $(C_2H_5)_2O$ ＋ H_2O （分子間脱水）
アルコール　　　　　　　　　　エーテル　　水

（アルコールを加熱すると，分子内または分子間で脱水反応を起こす。）

POINT ① 160〜170℃（比較的高温）で加熱＝分子内で脱水をし，アルケンが生じる！

アルコールに濃硫酸を加えて加熱すると，比較的高温では分子内で脱水をし（水 H_2O がとれて），アルケンを生じます。代表例であるエタノールの場合，濃硫酸を加えると 160 〜 170℃で分子内脱水が起こり，エテン（エチレン）が得られます。

◎ ここで覚えたい！「**アルコールの脱水**」の反応式①

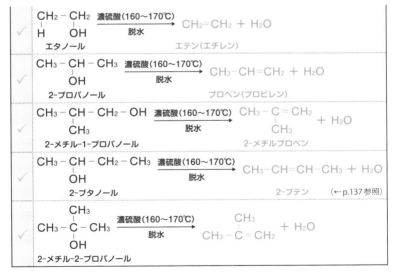

2-ブテンには
シス-トランス異性体が
存在したよね（→p.21）

POINT② 130～140℃（比較的低温）で加熱＝分子間で
脱水をし，エーテルが生じる！

一方，比較的低温の場合は分子間で脱水反応が起こり，エーテルになります。2つの分子間から，水などの簡単な分子が取れて新しい分子が1つできる反応を**縮合**といいます。代表例であるエタノールは，濃硫酸を加えると130～140℃では分子間で脱水反応が起こり，ジエチルエーテルが生成します。

◎ ここで覚えたい！「**アルコールの脱水**」の反応式②

$$2C_2H_5OH \xrightarrow[\text{縮合（脱水）}]{\text{濃硫酸（130～140℃）}} (C_2H_5)_2O + H_2O$$

エタノール　　　　　　　　　　　　　　　　ジエチルエーテル

3-2 ⑨ ザイツェフ則（発展）

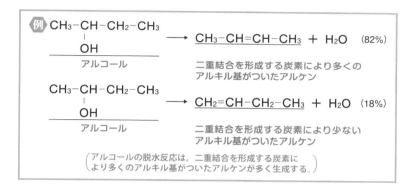

例 $CH_3-CH-CH_2-CH_3$
　　　｜
　　　OH
　　　アルコール
$\longrightarrow$ $\underline{CH_3-CH=CH-CH_3}$ ＋ H_2O （82%）

二重結合を形成する炭素により多くの
アルキル基がついたアルケン

$CH_3-CH-CH_2-CH_3$
　　｜
　　OH
　　アルコール
$\longrightarrow$ $\underline{CH_2=CH-CH_2-CH_3}$ ＋ H_2O （18%）

二重結合を形成する炭素により少ない
アルキル基がついたアルケン

（アルコールの脱水反応は，二重結合を形成する炭素に
より多くのアルキル基がついたアルケンが多く生成する。）

POINT アルコールの脱水反応は，**二重結合を形成する炭素により多くのアルキ**
ル基 -R($-C_nH_{2n+1}$)が結合している物質のほうがより多く生成する！

アルコールの脱水反応では，構造によって，生成する可能性のあるアルケンが2種類
ある場合があります。その場合，二重結合を形成する炭素（C=C）により多くのアル
キル基-R（$-C_nH_{2n+1}$）が結合している物質のほうが多く生成されます。
この法則を，**ザイツェフ則**といいます。

◎ ここで覚えたい！「**ザイツェフ則**」の反応式

✓	$CH_3-CH-CH_2-CH_3$　　$\longrightarrow$ $CH_3-CH=CH-CH_3$ ＋ H_2O （82%） 　　｜ 　　OH 　　**2-ブタノール**　　　　　　　　　　2-ブテン
✓	$CH_3-CH-CH_2-CH_3$　　$\longrightarrow$ $CH_2=CH-CH_2-CH_3$ ＋ H_2O （18%） 　　｜ 　　OH 　　　　　　　　　　　　　　　　　1-ブテン

補足 どうしてこうなるかというと，二重結合を形成している炭素に，より多くのア
ルキル基 -R（$-C_nH_{2n+1}$）が結合しているほうが，一般的に安定しているからです。

$CH_3CH=CHCH_3$
　↑　　　　　↑
　　　　　　結合しているアルキル基が2つ

$CH_2=CHCH_2CH_3$
　　　　↑
　　　　　結合しているアルキル基が1つ

3-2⑩ カルボン酸の分子内脱水

例

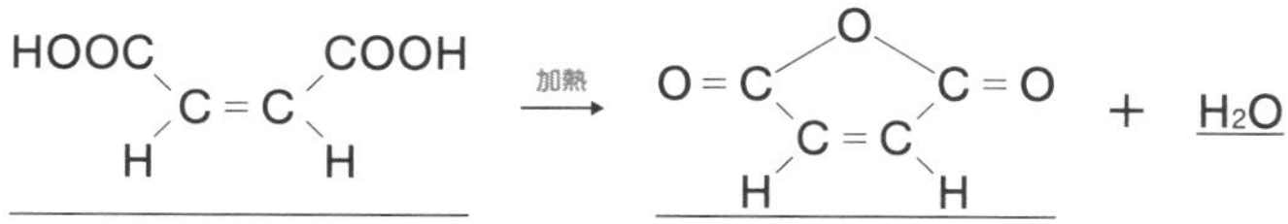

2価カルボン酸　　酸無水物　　水

（2価カルボン酸を加熱すると，水が抜け，酸無水物が得られる。）

POINT マレイン酸とフタル酸は，分子内脱水をする構造である！

2価カルボン酸というのは，分子内に2つのカルボキシ基（−COOH）をもつ有機化合物のことです。ここではマレイン酸とフタル酸の2つを覚えておきましょう。

◆マレイン酸（シス形）

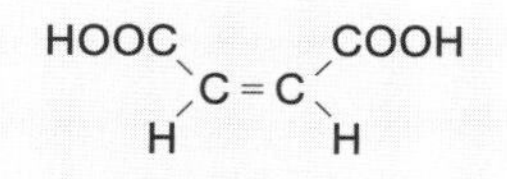

◆フタル酸（オルト *o* −位）

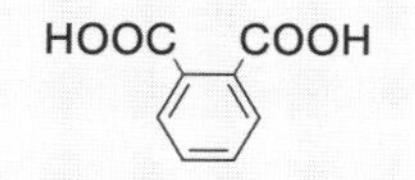

◎ここで覚えたい！「カルボン酸の分子内脱水」の反応式

✓

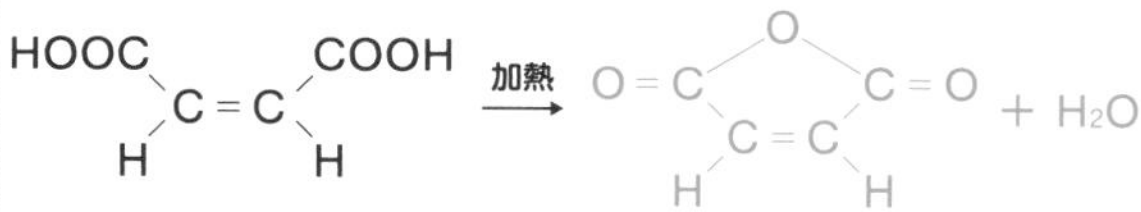

マレイン酸　　無水マレイン酸

✓

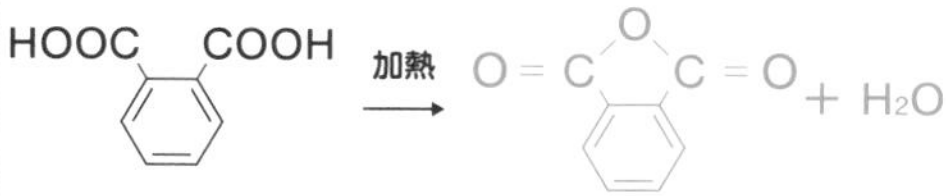

フタル酸　　無水フタル酸

一方，マレイン酸とフタル酸の構造異性体は分子内脱水をしないことも，きちんと頭に入れなければなりません。まずは，マレイン酸の構造異性体であるフマル酸を確認しましょう。

◆フマル酸（トランス形）

ゴロで覚えよう

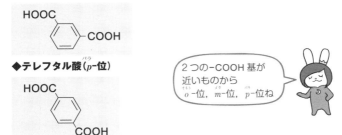

フマル酸：トランス形，マレイン酸：シス形

『踏む　と，　まれに　死す』
フマル酸　トランス　マレイン酸　シス

次は，フタル酸の構造異性体であるイソフタル酸とテレフタル酸の構造式を確認しておきましょう。

◆イソフタル酸（m-位）

◆テレフタル酸（p-位）

２つの-COOH 基が
近いものから
o-位，m-位，p-位ね

フマル酸やイソフタル酸・テレフタル酸は，２つの-COOH 基が離れているので，分子内脱水が起こらないのです。

マレイン酸やフタル酸は
２つの-COOH 基が近いから
水１分子が容易にとれて
分子内脱水するんじゃ

3-2 ⑪ カルボン酸（酢酸）の分子間脱水

例	$2CH_3COOH$ $\xrightarrow{加熱}$ $(CH_3CO)_2O$ + H_2O
	カルボン酸　　　　　　　　　酸無水物　　　水

（カルボン酸を加熱すると，水が取れ，酸無水物が生成する。）

POINT　カルボン酸を加熱したら脱水する！

カルボン酸（酢酸）に脱水剤を加えて熱するか，十酸化四リンと反応させると，分子間で脱水して酸無水物（無水酢酸）と水が生成します。

◎ ここで覚えたい!「カルボン酸の分子間脱水」の反応式

✓	$2CH_3COOH$ $\xrightarrow{加熱}$ $(CH_3CO)_2O$ + H_2O 無水酢酸
✓	$4CH_3COOH$ + P_4O_{10} $\longrightarrow$ $2(CH_3CO)_2O$ + $4HPO_3$ 十酸化四リン

これは酢酸の場合のみを覚えておればよいじゃろう

ハ～イ

3-2 ⑫ 酸無水物＋水

例

$$\underline{(CH_3CO)_2O} + \underline{H_2O} \xrightarrow{\text{加水分解}} \underline{2CH_3COOH}$$

酸無水物　　　　　水　　　　　　カルボン酸

（酸無水物に水を加えると，カルボン酸が生成する。）

POINT　**酸無水物に水を加えるともとに戻る！**

酸無水物と水が反応すると，3-2 ⑩，3-2 ⑪ で出てきたカルボン酸の脱水反応の逆反応が起こり，もとのカルボン酸が生成します。

◎ ここで覚えたい!「**酸無水物＋水**」の反応式

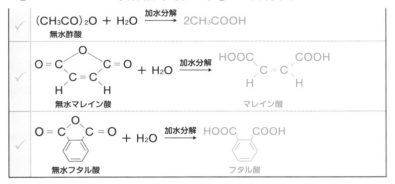

$$(CH_3CO)_2O + H_2O \xrightarrow{\text{加水分解}} 2CH_3COOH$$
無水酢酸

無水マレイン酸　＋ H_2O →（加水分解）→ マレイン酸

無水フタル酸　＋ H_2O →（加水分解）→ フタル酸

3-2 ⑬ 酸化開裂（オゾン分解）

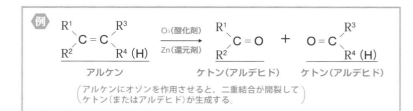

例

アルケンにオゾンを作用させると，二重結合が開裂して
ケトン（またはアルデヒド）が生成する。

POINT **オゾンは二重結合を切り，Ｏでフタをする！**

アルケンにオゾンを作用させたあと，亜鉛などで還元する反応を，**オゾン分解**といいます。オゾン分解をすることにより，二重結合が開裂してケトンまたはアルデヒドが生じます。オゾンは，アルケンを二重結合部分でぶった切り，その切断面を**Ｏ**でフタをする，というような作用をするのです。

◎ ここで覚えたい！「酸化開裂」の反応式① 〜オゾン分解〜

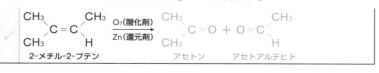

3-2 ⑭ 酸化開裂（硫酸酸性の過マンガン酸カリウム水溶液中で加熱）

例

$$\underset{\text{アルケン}}{\underset{R^2}{\overset{R^1}{\diagdown}}C=C\underset{R^4\,(H)}{\overset{R^3}{\diagup}}} \xrightarrow[\text{加熱}]{KMnO_4} \underset{\text{ケトン（カルボン酸）}}{\underset{R^2}{\overset{R^1}{\diagdown}}C=O} + \underset{\text{ケトン（カルボン酸）}}{O=C\underset{R^4\,(OH)}{\overset{R^3}{\diagup}}}$$

（アルケンを硫酸酸性の過マンガン酸カリウム水溶液中で加熱すると，
二重結合が開裂してケトン（またはカルボン酸）が生成する。）

POINT **生成するのはケトンまたはカルボン酸である！**

こちらは，アルケンにオゾンを作用させるよりも，より強い酸性条件下での反応です。アルケンを硫酸酸性の過マンガン酸カリウム水溶液中で加熱すると，二重結合が開裂して，ケトンまたはカルボン酸が生じます。

オゾン分解ではケトンまたはアルデヒドでしたが，硫酸酸性の過マンガン酸カリウムでは酸化条件が強いため，アルデヒドはさらに酸化されて，カルボン酸になるのです。

◎ ここで覚えたい！「酸化開裂」の反応式② ～KMnO₄による酸化～

$$\underset{\text{2-メチル-2-ブテン}}{\underset{CH_3}{\overset{CH_3}{\diagdown}}C=C\underset{H}{\overset{CH_3}{\diagup}}} \xrightarrow[\text{加熱}]{KMnO_4} \underset{\text{アセトン}}{\underset{CH_3}{\overset{CH_3}{\diagdown}}C=O} + \underset{\text{酢酸}}{O=C\underset{OH}{\overset{CH_3}{\diagup}}}$$

オゾン分解は
ケトンかアルデヒド

KMnO₄ による
酸化はケトンか
カルボン酸ね

3-3 付加反応

3-3① アルキンの付加反応

> **例**
>
> $$\underset{\text{アルキン}}{\underline{CH\equiv CH}} \ + \ H_2 \ \xrightarrow[\text{(触媒)}]{\text{PtまたはNi}} \ \underset{\text{アルケン}}{\underline{CH_2=CH_2}}$$
>
> （アルキンに分子を作用させると、アルケンが生成する。）

POINT① 二重結合や三重結合が切れ、新たな分子が結合する！

付加反応とは、二重結合や三重結合などの不飽和結合が切れ、そこに新たな原子や原子団が結合する反応のことです。アルキン（三重結合）は、付加反応によって、アルケン（二重結合）になります。

◎ ここで覚えたい！「アルキンの付加反応」の反応式①

✓	$CH\equiv CH \ + \ H_2 \ \xrightarrow[\text{(触媒)}]{\text{Pt, Ni}} \ CH_2=CH_2$ アセチレン　　　　　　　　　　　エテン(エチレン)
✓	$CH\equiv CH \ + \ Cl_2 \longrightarrow CHCl=CHCl$ 　　　　　　　　　　1,2-ジクロロエテン(1,2-ジクロロエチレン)
✓	$CH\equiv CH \ + \ HCl \longrightarrow CH_2=CHCl$ 　　　　　　　　　　　　塩化ビニル
✓	$CH\equiv CH \ + \ CH_3COOH \longrightarrow CH_2=CH(OCOCH_3)$ 　　　　　　　　　　　　　　　　酢酸ビニル
✓	$CH\equiv CH \ + \ HCN \longrightarrow CH_2=CH-CN$ 　　　　　シアン化水素　　アクリロニトリル
✓	$CH\equiv CH \ + \ \bigcirc \longrightarrow \overset{CH_2=CH}{\bigcirc}$ 　　　　　　　ベンゼン　　　スチレン
✓	$CH_2=CH-C\equiv CH \ + \ H_2 \longrightarrow CH_2=CH-CH=CH_2$ 　ビニルアセチレン　　　　　　　　1,3-ブタジエン

これがアルキンの付加反応の基本形だ！

POINT② アルキンに水を付加する際には，注意が必要！

ちなみに，水を付加する場合は，二重結合に−OH基が結合した状態は不安定なため，生成したビニルアルコールはすぐにアセトアルデヒドになります。必ず覚えましょう。

◎ ここで覚えたい！「アルキンの付加反応」の反応式② ～水の付加～

$$CH \equiv CH + H_2O \left(\xrightarrow[\text{(触媒)}]{HgSO_4} CH_2 = CHOH \atop \text{ビニルアルコール} \right) \longrightarrow CH_3CHO \atop \text{アセトアルデヒド}$$

二重結合した炭素に
直接−OH基が結合した
構造はとても不安定なんじゃ

だから−OH基のH原子が
二重結合を構成している
もう片方のC原子に
すぐくっついてしまうのね

146

3-3② アルケンの付加反応

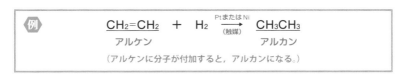

例

$$CH_2=CH_2 \ + \ H_2 \xrightarrow[\text{(触媒)}]{\text{PtまたはNi}} CH_3CH_3$$

アルケン　　　　　　　　　　　　　　アルカン

（アルケンに分子が付加すると，アルカンになる。）

POINT **アルケンが分子と反応すると，付加反応する！**

アルケン（二重結合）は，分子が付加すると，アルカン（単結合）となります。二重結合に使われていた結合の手が，新たに付加する原子や原子団との結合に使われるのです。アルケンと次のような分子が反応していたら，付加反応によってアルカンが生成されることを覚えておきましょう。

◎ ここで覚えたい！ **「アルケンの付加反応」の反応式**

✓	$CH_2=CH_2 \ + \ H_2 \xrightarrow[\text{(触媒)}]{\text{Pt, Ni}} CH_3CH_3$ **エテン(エチレン)**　　　　エタン
✓	$CH_3-CH=CH_2 \ + \ H_2 \xrightarrow[\text{(触媒)}]{\text{Pt, Ni}} CH_3CH_2CH_3$ **プロペン(プロピレン)**　　　　プロパン
✓	$\begin{matrix} HOOC & & H \\ & C=C & \\ H & & COOH \end{matrix} \ + \ H_2 \xrightarrow[\text{(触媒)}]{\text{Pt, Ni}} HOOC-(CH_2)_2-COOH$ 　　**フマル酸**　　　　　　　　　　　　　　コハク酸
✓	$CH_2=CH_2 \ + \ Br_2 \longrightarrow CH_2BrCH_2Br$ 　　　　　　　　　　　1,2-ジブロモエタン
✓	$CH_2=CH_2 \ + \ HCl \longrightarrow CH_3CH_2Cl$ 　　　　　　　　　　　クロロエタン
✓	$CH_2=CH_2 \ + \ H_2O \xrightarrow{\text{リン酸}} C_2H_5OH$ 　　　　　　　　　　　エタノール
✓	$CH_2=CH_2 \ + \ H_2SO_4 \longrightarrow CH_3CH_2OSO_3H$ 　　　　　　　　　　　硫酸水素エチル

ここは簡単だな～

油断しておると知らんぞ

3-3③ マルコフニコフ則（発展）

例　$CH_3-CH=CH_2$　＋　H_2O　⟶　$\begin{matrix} CH_3-CH-CH_3 \\ | \\ OH \end{matrix}$　（主生成物）

非対称のアルケン　　　　　HX　　　Hの多いほうにHXのHが
　　　　　　　　　　　　　　　　　付加した生成物

$CH_3-CH=CH_2$　＋　H_2O　⟶　$CH_3-CH_2-CH_2-OH$　（副生成物）

非対称のアルケン　　　　　HX　　　Hの多いほうにHXのXが
　　　　　　　　　　　　　　　　　付加した生成物

（二重結合をはさんで左右非対称なアルケンにHXが付加する際，
Hの多いほうにHXのHが結合した生成物が多く生成される。）

POINT　Hの多いほうに，HXのHはくっつきたがる！

アルケンの付加反応のうち，プロペン$CH_3CH=CH_2$のような，二重結合を挟んで左右が非対称の分子に，これまたHXといった非対称な分子が結合する場合，生成物には2通りの可能性があります。

一般的に，HXが二重結合に付加するとき，二重結合の右と左，どちらかに結合するわけですが，その際，HXの-Hは，自分と同じHが多く結合している炭素のほうに結合しようとする性質があります。一方，-Xはそうではない炭素のほうに結合します。これを，**マルコフニコフ則**といいます。

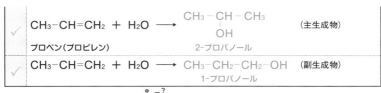

結合しているHが2つ…こっちにはHXの-Hが結合しようとする

$CH_3-CH=CH_2 + H_2O \longrightarrow \begin{matrix} CH_3-CH-CH_3 \\ | \\ OH \end{matrix}$　（主生成物）

結合しているHが1つ…こっちにはHXの-Xが結合しようとする

◎ ここで覚えたい！「マルコフニコフ則」の反応式

✓	$CH_3-CH=CH_2$ ＋ H_2O ⟶ $\begin{matrix} CH_3-CH-CH_3 \\ OH \end{matrix}$　（主生成物）	
	プロペン（プロピレン）　　　　2-プロパノール	
✓	$CH_3-CH=CH_2$ ＋ H_2O ⟶ $CH_3-CH_2-CH_2-OH$　（副生成物）	
	1-プロパノール	

え？ なに？
急にコフコフ
言われても……

マルコフニコフ則よ

148

3-3④ 付加重合

例
$$n\mathrm{CH_2=CH_2} \xrightarrow{\text{付加}} \underbrace{[\mathrm{CH_2-CH_2}]_n}$$
単量体　　　　　　　　　　重合体

（単量体が付加反応を繰り返し，重合体を生成する。）

POINT① 単量体が，付加反応によって重合体を生成することを，付加重合という！

重合というのは，比較的小さな分子量の物質（**単量体（モノマー）**）から，分子量の大きな物質（**重合体（ポリマー）**）を生成する反応の総称です。重合のうち，付加反応を伴うものを，**付加重合**といいます。

POINT② アルキンの付加重合は代表的な2つを覚えよう！

アルキンの重合で覚えなければならないのは次の反応です。
重合体（ポリマー）というほど大きな分子が生成されるわけではありませんが，分子どうしが付加反応して，もとより大きな分子になります。

◎ ここで覚えたい！「アルキンの付加重合」の反応式

アルケンは隣のアルケンと次々に付加反応を繰り返す！

アルケンは隣の分子と次々に付加反応を繰り返し，巨大な重合体を形成します。
先ほどのアルキンとは違い，巨大な分子となります。

◎ ここで覚えたい！「アルケンの付加重合」の反応式

$n\text{CH}_2=\text{CH}_2 \longrightarrow [\text{CH}_2-\text{CH}_2]_n$	
エテン(エチレン)　　ポリエチレン	
$n\text{CH}_2=\text{CHCl} \longrightarrow [\text{CH}_2-\text{CHCl}]_n$	
塩化ビニル　　ポリ塩化ビニル	
$n\text{CH}_2=\text{CHCN} \longrightarrow [\text{CH}_2-\text{CH(CN)}]_n$	
アクリロニトリル　　ポリアクリロニトリル	
$n\text{CH}_2=\text{CHCH}_3 \longrightarrow [\text{CH}_2-\text{CH(CH}_3)]_n$	
プロペン(プロピレン)　　ポリプロピレン	

$n\,$〔スチレン〕$\longrightarrow$〔ポリスチレン〕
スチレン　　ポリスチレン

$n\text{CH}_2=\text{CH(OCOCH}_3) \longrightarrow [\text{CH}_2-\text{CH(OCOCH}_3)]_n$
酢酸ビニル　　ポリ酢酸ビニル

$n\text{CH}_2=\text{C(CH}_3)\text{COOCH}_3 \longrightarrow [\text{CH}_2-\text{C(CH}_3)(\text{COOCH}_3)]_n$
メタクリル酸メチル　　ポリメタクリル酸メチル

$n\text{CF}_2=\text{CF}_2 \longrightarrow [\text{CF}_2-\text{CF}_2]_n$
テトラフルオロエチレン　　ポリテトラフルオロエチレン

$n\text{CH}_2=\text{CH}-\text{CH}=\text{CH}_2 \longrightarrow [\text{CH}_2-\text{CH}=\text{CH}-\text{CH}_2]_n$
1,3-ブタジエン　　ブタジエンゴム(ポリブタジエン)

$n\text{CH}_2=\text{CCl}-\text{CH}=\text{CH}_2 \longrightarrow [\text{CH}_2-\text{CCl}=\text{CH}-\text{CH}_2]_n$
クロロプレン　　クロロプレンゴム(ポリクロロプレン)

$n\text{CH}_2=\text{C(CH}_3)-\text{CH}=\text{CH}_2 \longrightarrow [\text{CH}_2-\text{C(CH}_3)=\text{CH}-\text{CH}_2]_n$
イソプレン　　ポリイソプレン(天然ゴム)

 補足 アルキンの付加反応で作られたアルケンが，付加重合して重合体(ポリマー)に
なる，という流れがよく登場するので覚えておきましょう。

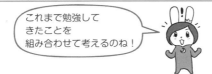

これまで勉強して
きたことを
組み合わせて考えるのね！

3-3⑤ 共重合・縮合重合

 例

$$n CH_2=CH-CH=CH_2 \quad + \quad n CH_2=CH(CN)$$

アルケン1　　　　　　　　　　アルケン2

$$\xrightarrow[\text{共重合}]{} \quad \{CH_2-CH=CH-CH_2CH_2-CH(CN)\}_n$$

重合体(ポリマー)

（共重合は，2種類以上の単量体(モノマー)が付加反応を繰り返し，
重合体(ポリマー)を生成する。）

POINT 共重合は2種類以上の単量体を混合する重合！ 縮合重合は単量体どうしが縮合を繰り返す重合！

共重合とは，2種類以上の単量体(モノマー)が付加反応を繰り返すことで重合体(ポリマー)が生成することを指し，**縮合重合**とは，単量体どうしが次々と縮合(水がとれる反応)を繰り返すことで重合体が生成することを指します。

起きていることは付加重合と同じ。二重結合に使われていた結合の手を他の分子との結合に使うことで，大きな重合体(ポリマー)を作ります。

◎ ここで覚えたい！「共重合・縮合重合」の反応式

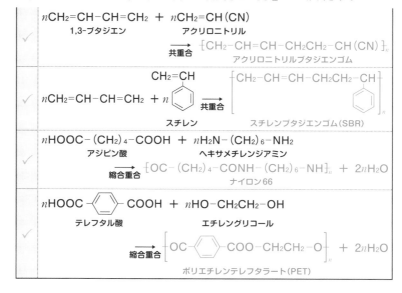

3-3⑥ 開環重合

例

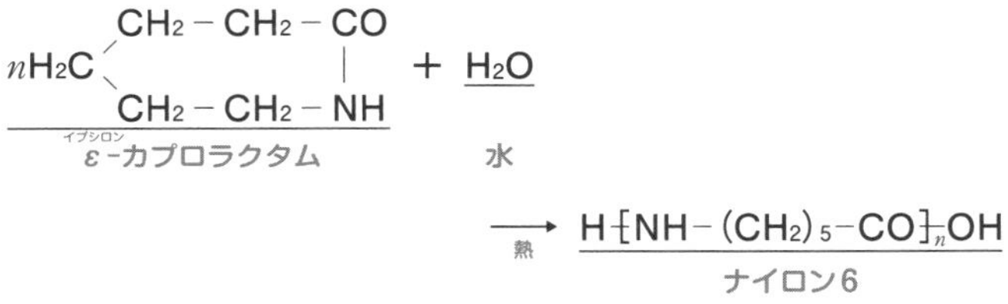

$$n\mathrm{H_2C} \overset{\mathrm{CH_2-CH_2-CO}}{\underset{\mathrm{CH_2-CH_2-NH}}{\diagdown}} \Big| \quad + \quad \mathrm{H_2O}$$

ε-カプロラクタム（イプシロン）　　　　　　　水

$$\xrightarrow[\text{熱}]{} \mathrm{H{-}[NH-(CH_2)_5-CO]}_n\mathrm{OH}$$

ナイロン6

（ε-カプロラクタムは水と反応し，ナイロン6を生成する。）

POINT 　**輪っかに使われていた結合を使って，新たな結合を作るのが開環重合！**

付加重合と共重合では，二重結合に使われていた結合の手を使って新たな結合を作り，その結果，重合体（ポリマー）を生成していました。

一方，環構造に使われていた結合の手を使って，新たな結合を作ることもあります。これを**開環重合**と呼びます。

大学受験では，基本的にナイロン6の生成反応でしか出てきません。
この反応だけなので，しっかり覚えておきましょう。

◎ ここで覚えたい！「開環重合」の反応式

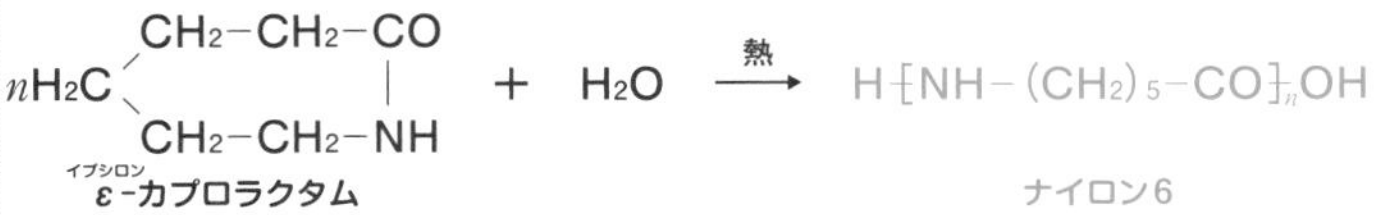

✓

$$n\mathrm{H_2C} \overset{\mathrm{CH_2-CH_2-CO}}{\underset{\mathrm{CH_2-CH_2-NH}}{\diagdown}} \Big| \quad + \quad \mathrm{H_2O} \quad \xrightarrow[\text{熱}]{} \quad \mathrm{H{-}[NH-(CH_2)_5-CO]}_n\mathrm{OH}$$

ε-カプロラクタム（イプシロン）　　　　　　　　　　　　　　　　ナイロン6

εは
イプシロンと
読むのよ

3-3 ⑦ 芳香族化合物の付加反応

例 ベンゼン + 3H₂ $\xrightarrow[\text{高温・高圧}]{\text{Pt, Ni(触媒)}}$ 環式炭化水素

| ベンゼン | 分子 | | 環式炭化水素 |

（ベンゼン環に分子が付加し，環式炭化水素を生成する。）

POINT **ベンゼン環でも付加反応は見られるが, 起こりにくい！**

繰り返しになりますが，付加反応というのは，二重結合に使われていた結合の手が切れ，新たな原子や原子団との結合を作る反応のことをいいます。

ベンゼン（または，芳香族化合物のベンゼン環）には，厳密には二重結合は存在しないのですが，二重結合と単結合からなると考えると，二重結合で使われていた結合の手が切れて新たな原子や原子団との結合を作ります。このように，芳香族化合物では付加反応も起こります。

ただし，厳密には二重結合ではないため，高温・高圧下で触媒を用いたり，紫外線を照射したりと，高いエネルギーを与える必要があります。ベンゼン環の構造はとても安定で，付加反応はベンゼン環の構造ではなくなってしまうため起こりにくいのです。

安定してると
変わりたくなんて
ないよね〜

◎ ここで覚えたい！「芳香族化合物の付加反応」の反応式①

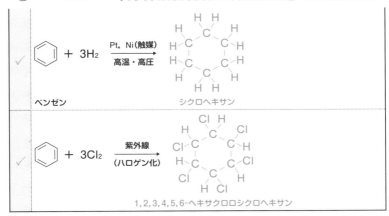

※有機化合物に，ハロゲン原子が結合する反応を**ハロゲン化**といいます。

また，二重結合をもつ分子と付加反応することもあります。次のように，有機化合物にアルキル基－R（C_nH_{2n+1}）が結合する反応をアルキル化といいます。

◎ ここで覚えたい！「芳香族化合物の付加反応」の反応式②

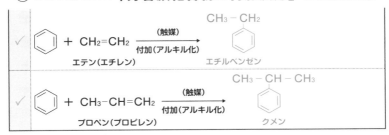

3-3⑧ 芳香族化合物の酸化

例

CH_3 ベンゼン環に直接結合する炭素Cをもつ $+ 3(O) \xrightarrow{\text{酸化}}$ $COOH$ 芳香族カルボン酸 $+ H_2O$ 水

（ベンゼン環に直接結合した炭素Cをもつ原子団は，酸化させると，カルボキシ基になる。）

POINT ベンゼン環に直接結合する炭素をもつ原子団は，酸化させるとカルボキシ基になる！

ベンゼン環に直接結合する炭素C。その先がどんな構造になっていようと容赦なく，酸化させると根こそぎ-COOHになります。そのため，「芳香族化合物を酸化したら，カルボキシ基（-COOH）が生成した」と問題文中に書かれていたら，それは，「ベンゼン環に直接結合する炭素Cがある」ということを意味するのです。構造決定の問題ではよく出題されるので覚えておきましょう。

このベンゼンから飛び出た官能基の部分は，まるでトカゲのしっぽのようです。酸化されると，（Cの部分は残してしっぽをちょん切られても）また-COOHとして生えてくる様子が，トカゲのしっぽに似ていますよね。

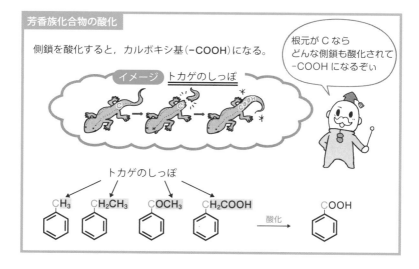

芳香族化合物の酸化

側鎖を酸化すると，カルボキシ基（-COOH）になる。

根元が C ならどんな側鎖も酸化されて-COOH になるぞい

イメージ トカゲのしっぽ

トカゲのしっぽ

CH_3 CH_2CH_3 $COCH_3$ CH_2COOH $\xrightarrow{\text{酸化}}$ $COOH$

◎ ここで確認！「芳香族化合物の酸化」の反応式

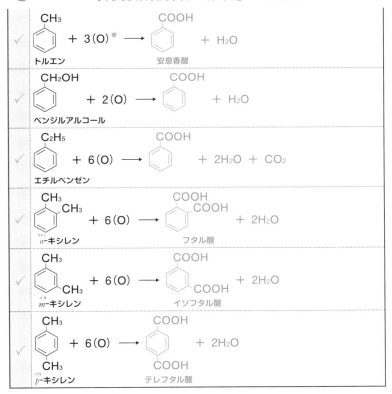

※(O)は酸化剤を表します。

反応式を覚える必要はないぞい確認するんじゃ

o-キシレンとm-キシレンとp-キシレンは構造異性体だね

2つの置換基が近いものからo-位，m-位，p-位よ！p.139でもやったわね

156

3-3⑨ 芳香族化合物のアセチル化

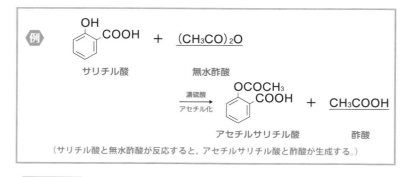

（サリチル酸と無水酢酸が反応すると，アセチルサリチル酸と酢酸が生成する。）

POINT① **無水酢酸は，もとは酢酸（カルボン酸）なので，サリチル酸の−OH基と結合する！**

サリチル酸とアルコールとの反応では，サリチル酸の−COOH基とアルコールの−OH基が反応してエステル化し，サリチル酸メチルとなります。

では，サリチル酸と無水酢酸の反応はどうなるでしょうか？
無水酢酸というのは，もとはカルボン酸。よって，サリチル酸の−OH基と結合します。このように−OH基（または−NH₂基）のHをCH₃CO−基（アセチル基）で置換する反応を**アセチル化**といいます。

◎ ここで覚えたい！「芳香族化合物のアセチル化」の反応式①

サリチル酸 + 無水酢酸 $\xrightarrow{濃硫酸}$ アセチルサリチル酸 + CH₃COOH

（OH, COOH）サリチル酸　（CH₃CO)₂O 無水酢酸 → （OCOCH₃, COOH）アセチルサリチル酸　+ CH₃COOH

（OH）フェノール　+ (CH₃CO)₂O → （OCOCH₃）酢酸フェニル　+ CH₃COOH

POINT② アニリンは無水酢酸と反応し，アセトアニリドが生成！

アニリンも無水酢酸と反応し，アセトアニリドとなります。
アセトアニリドには−CONH−結合が含まれますが，これを**アミド結合**と呼びます。

アニリン + 無水酢酸 $\xrightarrow{アセチル化}$ アセトアニリド + CH₃COOH

（N−H、H）アニリン　（CH₃−C=O、CH₃−C=O）無水酢酸　→　アミド結合　アセチル基（N−C−CH₃、H、O）アセトアニリド　+ CH₃COOH

◎ ここで覚えたい！「芳香族化合物のアセチル化」の反応式②

（NH₂）アニリン　+ (CH₃CO)₂O → （NHCOCH₃）アセトアニリド　+ CH₃COOH

どれも酢酸CH₃COOHが生成しているね

3-4 置換反応

3-4① 鎖式炭化水素の置換反応

> **例**
>
> $$CH_4 + Cl_2 \xrightarrow{光} CH_3Cl + HCl$$
> アルカン　ハロゲン分子　　　置換体　ハロゲン化水素
>
> （アルカンはハロゲン分子と反応し，置換体とハロゲン化水素を生成する。）

POINT **アルカンがハロゲン分子と反応していたら，置換反応！**

置換反応とは，読んで字のごとく「置き換える」反応のこと。アルカンは常温で安定しているため，他の物質と反応しにくいですが，光を当てるとハロゲン元素の単体と反応します。

例の反応式は，アルカンのH原子とハロゲンのCl原子とが置き換わっていますね。

◎ ここで覚えたい！「置換反応」の反応式

✓	$CH_4 + Cl_2 \xrightarrow{光} CH_3Cl + HCl$
	メタン　　　　　　　クロロメタン
✓	$CH_4 + Br_2 \xrightarrow{光} CH_3Br + HBr$
	ブロモメタン

置換反応（イメージ）

3-4 ② 芳香族化合物の置換反応

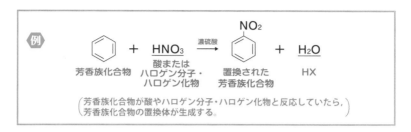

（芳香族化合物が酸やハロゲン分子・ハロゲン化物と反応していたら，
芳香族化合物の置換体が生成する。）

POINT **芳香族化合物が，酸やハロゲン分子・ハロゲン化物と反応したら，置換反応！**

もしも芳香族化合物が，以下の物質と反応していたら，基本的に※置換反応が起こっていると考えてよいです。

- ・酸（濃硝酸 HNO_3，濃硫酸 H_2SO_4）
- ・ハロゲン分子（塩素 Cl_2）
- ・ハロゲン化物（クロロメタン CH_3Cl　など）

◎ ここで覚えたい！ 「芳香族化合物の置換反応」 の反応式

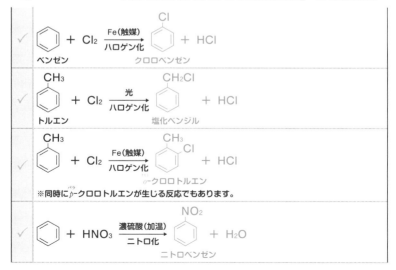

160

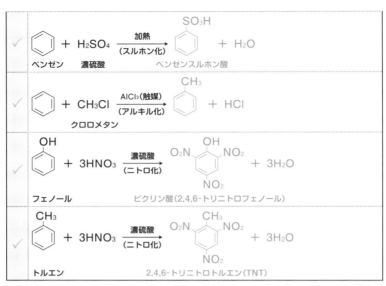

※有機化合物に，スルホ基−SO₃H が結合する反応を**スルホン化**，ニトロ基−NO₂ が結合する反応を**ニトロ化**といいます。

 前ページの※で「"基本的に"置換反応が起こっていると考えてよい」という書きかたをしたのは，p.152でも勉強したように付加反応が起こる場合もあるからです。しかし，心配には及びません。なぜなら，すでにお伝えしたように，ベンゼン環では付加反応は起こりにくいので（ベンゼン環の構造のままでいたいので），付加反応が起きる場合には「触媒」「高温・高圧下」「紫外線照射」などのキーワードが登場するはずだからです。

3-5① 芳香族化合物の分離(パターン1)

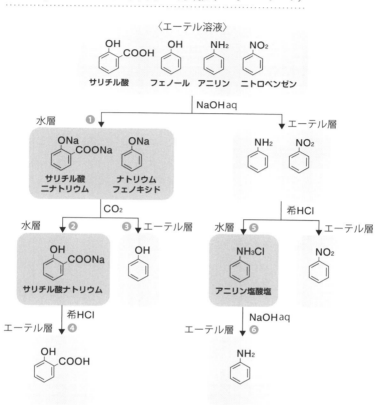

Chapter2では
陽イオンの系統分離を
やったね(p.83)

POINT ① 芳香族化合物はイオン化していなければ基本的にエーテル溶液に溶ける！

出発点ではすべての物質がエーテル溶液中に存在していることに注目してください。ここに水酸化ナトリウム水溶液や希塩酸などを加えて反応した物質（＝イオン化した物質）は水層に，反応しなかったものはエーテル溶液中に残ります。そして水層とエーテル層を分液ろうとで分離していくのです。このように分けていくことが，系統分離の基本操作です。

・反応したもの → 水層
・反応しなかったもの → エーテル層

POINT ② 水酸化ナトリウム NaOH と反応するのは−OH基，−COOH基をもつ物質！（①）

最初に加えているのは水酸化ナトリウム水溶液。芳香族化合物で水酸化ナトリウムと反応するのは−OH基，−COOH基をもった物質ですので，サリチル酸とフェノールが反応します。

POINT ③ 酸の強さ「HCl > R−COOH > CO_2 > C_6H_5−OH」を使う！（②③）

水層に存在する"イオン化した有機化合物"を分離するには，酸の強さの違いを利用します。今回は，水層に二酸化炭素を入れていますね。強い酸は弱い酸よりもイオン化したいので，CO_2がイオン化し，−ONaは−OHに変化します。

POINT ④ HClを加えると，ナトリウム塩はもとに戻る！（④）

CO_2を加えてもまだイオンのままになっているサリチル酸ナトリウムは，さらに強い酸であるHClを加えると，もとの有機化合物に戻ります。系統分離で使われる酸の中で，HClはいちばん強い酸だと思って大丈夫でしょう。

POINT ⑤ 芳香族化合物の中で唯一，塩基であるアニリン！（⑤⑥）

最初に分離したエーテル層のほうをさらに分離していきます。これはすでに知っている人が多いと思いますが，芳香族化合物で塩基として登場するのはアニリンのみだと思って構いませんので，HClを加えると反応するのはアニリン。イオン化したアニリンは，水酸化ナトリウム水溶液を加えればもとに戻ります。これは塩基の強さが「NaOH＞C_6H_5−NH_2」だからです。

こうして，芳香族化合物の分離ができます。

自分より強い酸や強い塩基と反応するとイオンはもとの物質に戻ってしまうのね

POINT ⑥ ニトロベンゼンは基本的に反応せず，最後までエーテル層に残る！

ニトロベンゼンは最後まで反応せず，エーテル層に残ります。

〈注意〉

今回の分離の順序がすべてではありません。例えば，最初にHClを加えてアニリンを水層に移動させることもあります。また，はじめにエーテル溶液中に含まれている芳香族化合物の種類によっても操作は変わってきます。大事なのはPoint①〜⑥を知っておくこと。これさえ知っていればどんな問題でも基本的には解けるでしょう。

◎ ここで覚えたい！「芳香族化合物の系統分離」の反応式①

✓	サリチル酸 OH−COOH + 2NaOH ⟶ サリチル酸二ナトリウム ONa−COONa + 2H₂O	(図の❶)
✓	フェノール OH + NaOH ⟶ ナトリウムフェノキシド ONa + H₂O	(図の❶)
✓	ONa−COONa + CO₂ + H₂O ⟶ サリチル酸ナトリウム OH−COONa + 炭酸水素ナトリウム NaHCO₃	(図の❷)
✓	ONa + CO₂ + H₂O ⟶ OH + NaHCO₃	(図の❸)
✓	OH−COONa + HCl 希塩酸 ⟶ OH−COOH + NaCl	(図の❹)
✓	アニリン NH₂ + HCl 希塩酸 ⟶ アニリン塩酸塩 NH₃Cl	(図の❺)
✓	NH₃Cl + NaOH ⟶ NH₂ + NaCl + H₂O	(図の❻)

3-5② 芳香族化合物の分離(パターン2)

先ほどは「フェノールとサリチル酸」が含まれたパターンでしたが，もうひとつ特徴的なのは「フェノールと安息香酸」が含まれるパターンです。こちらについても見ていきましょう。

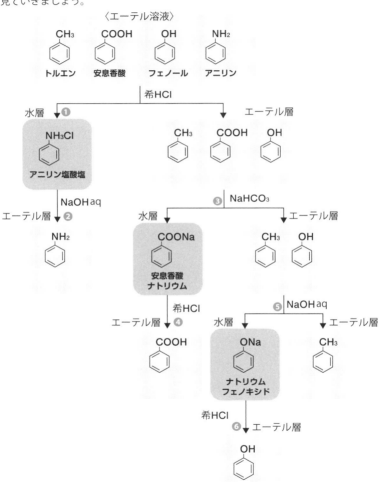

POINT① 芳香族化合物の中で唯一，塩基であるのはアニリン！（❶❷）

酸を加えて反応するのは塩基ですので，唯一の塩基であるアニリンがイオン化して水層に移動します。水酸化ナトリウム水溶液を加えると，もとに戻ります。

POINT② 炭酸水素ナトリウム NaHCO₃ は，CO₂ がイオン化したものである。加えると，CO₂ よりも強い酸がイオン化する！（❸）

次は，最初に分離したエーテル層に NaHCO₃ 水溶液を加えます。

何度も登場しているのでそろそろ感覚がつかめたと思いますが，「より強い酸」に「より弱い酸のイオン」が出合うと，より強い酸のほうがイオン化したがります。ここで覚えておいてほしいのは，NaHCO₃ は CO₂ のイオン化した物質であるということです。酸の強さは「HCl ＞ R-COOH ＞ CO₂ ＞ C₆H₅-OH」でしたので，R-COOH となっている物質はすべて R-COONa となります。一方，C₆H₅-OH は反応せずそのままとなります。

POINT③ 安息香酸ナトリウムは希塩酸 HCl を加えるともとに戻る！（❹）

より強い酸である HCl を加えると，より弱い酸である安息香酸が遊離します。

POINT ④ −OH, −COOHは水酸化ナトリウムを加えると反応する！（❺❻）

❸の操作でエーテル層に残っているのはトルエンとフェノール。ここで水酸化ナトリウム水溶液を加えます。これは，−OHか−COOHをもっている物質は水酸化ナトリウムと反応するからです。こうして水層に移ったナトリウムフェノキシドは，より強い酸であるHClを加えることでもとに戻すことができます。

POINT ⑤ トルエンは基本的に反応せず，最後までエーテル層に残る！

トルエンは基本的に最後まで反応せず，エーテル層に残ると考えてOKです。p.163のニトロベンゼンと同じですね。

◎ ここで覚えたい！「芳香族化合物の系統分離」の反応式②

3-6 即答キーワード

「この表現が出てきたらこの反応式！」と即答しなければならないものを集めました。すでに出てきたものもあれば，初登場で丸暗記しなければならないものもあります。頑張って覚えましょう。

◎ ここで覚えたい！表現から即答すべき反応式①

「炭化水素の完全燃焼」（メタンの場合）

$$CH_4 + 2O_2 \longrightarrow CO_2 + 2H_2O$$
メタン

> 完全燃焼といわれたら
> 生成物はCO_2とH_2Oのみじゃったな

ここからが本番じゃ！

「オゾン分解」

$$CH_2=CH_2 + O_3 + 2(H) \xrightarrow{Zn（還元剤）} 2HCHO + H_2O$$
エテン（エチレン）　　　　　　　　　　　　ホルムアルデヒド

$$\underset{\text{プロペン（プロピレン）}}{\overset{CH_3 \quad\quad H}{\underset{H \quad\quad H}{C=C}}} + O_3 + 2(H) \xrightarrow{Zn（還元剤）} \underset{\text{アセトアルデヒド}}{\overset{CH_3}{\underset{H}{C=O}}} + \underset{\text{ホルムアルデヒド}}{\overset{H}{\underset{H}{O=C}}} + H_2O$$

※酸化開裂の反応でもあります。

「酢酸カルシウムの乾留」（＝アセトンの生成）

$$(CH_3COO)_2Ca \xrightarrow{乾留} CaCO_3 + (CH_3)_2CO$$
酢酸カルシウム　　　　　炭酸カルシウム　アセトン

> アセトンの生成
> といったらこれね

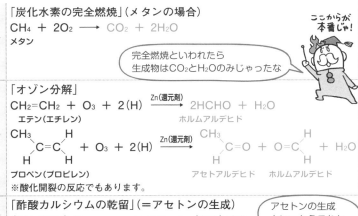

さあ！
燃えていくぞい

ア…アツイ…

あなたが
悪いのよ…

フェノールの生成にはいくつか方法があります。中間生成物も覚える必要があります。

◎ ここで覚えたい！**表現から即答すべき反応式②**

フェノールの生成

「クメン法」

ベンゼン ＋ $CH_3 - CH = CH_2$ →（触媒）アルキル化→ クメン

クメンヒドロペルオキシド →硫酸・分解→ フェノール ＋ アセトン

（$+O_2$・酸化）

「ベンゼンスルホン酸Na塩のアルカリ融解による生成」

ベンゼン →＋濃硫酸・スルホン化→ ベンゼンスルホン酸 →＋NaOH(aq)・中和→ ベンゼンスルホン酸ナトリウム

＋NaOH(固)・アルカリ融解 → ナトリウムフェノキシド →＋CO_2→ フェノール

トイレや机にはっておくと自然と覚えるぞい！

暗記！！

「クロロベンゼン法」

ベンゼン →＋Cl_2・Fe(触媒)ハロゲン化→ クロロベンゼン →＋NaOH(aq)・高温・高圧→ ナトリウムフェノキシド →＋CO_2→ フェノール

「塩化ベンゼンジアゾニウムの加水分解」

塩化ベンゼンジアゾニウム ＋ H_2O →5℃以上→ フェノール ＋ N_2 ＋ HCl

◎ ここで覚えたい！表現から即答すべき反応式③

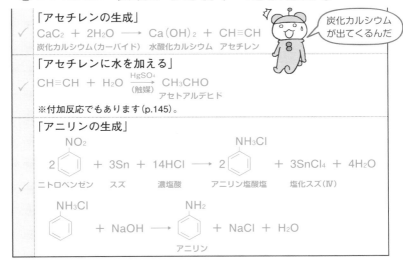

「アセチレンの生成」

$CaC_2 + 2H_2O \longrightarrow Ca(OH)_2 + CH{\equiv}CH$
炭化カルシウム(カーバイド)　水酸化カルシウム　アセチレン

炭化カルシウムが出てくるんだ

「アセチレンに水を加える」

$CH{\equiv}CH + H_2O \xrightarrow[\text{(触媒)}]{HgSO_4} CH_3CHO$
アセトアルデヒド

※付加反応でもあります(p.145)。

「アニリンの生成」

$2\,\underset{\text{ニトロベンゼン}}{C_6H_5NO_2} + 3Sn + 14HCl \longrightarrow 2\,\underset{\text{アニリン塩酸塩}}{C_6H_5NH_3Cl} + 3SnCl_4 + 4H_2O$
ニトロベンゼン　スズ　濃塩酸　アニリン塩酸塩　塩化スズ(Ⅳ)

$C_6H_5NH_3Cl + NaOH \longrightarrow \underset{\text{アニリン}}{C_6H_5NH_2} + NaCl + H_2O$

アニリンの生成の反応式は少しややこしいので，次のように覚えましょう。

ゴロで覚えよう

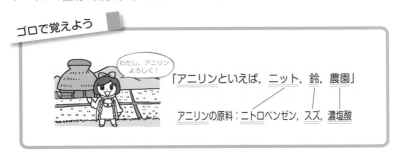

わたし，アニリンよろしく！

「アニリンといえば，<u>ニット</u>，<u>鈴</u>，<u>農園</u>」

アニリンの原料：<u>ニト</u>ロベンゼン，<u>スズ</u>，<u>濃</u>塩酸

係数の覚えかた

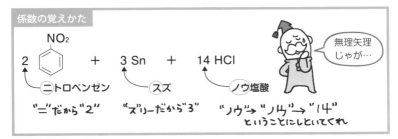

$\underset{\text{ニトロベンゼン}}{2\ } + 3\ Sn + 14\ HCl$
＝ニトロベンゼン　　スズ　　ノウ塩酸

"ニ"だから"2"　"ズリ"だから"3"　"ノウ"→"ノウ"→"14"
ということにしといてくれ

無理矢理じゃが…

◎ ここで覚えたい！**表現から即答すべき反応式④**

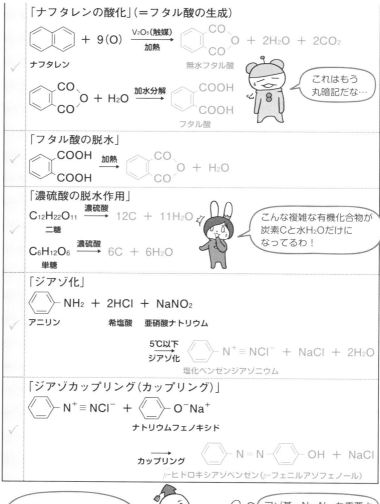

「ナフタレンの酸化」（＝フタル酸の生成）

ナフタレン + 9(O) $\xrightarrow[\text{加熱}]{V_2O_5\text{(触媒)}}$ 無水フタル酸 + $2H_2O$ + $2CO_2$

> これはもう丸暗記だな…

無水フタル酸 + H_2O $\xrightarrow{\text{加水分解}}$ フタル酸

「フタル酸の脱水」

フタル酸 $\xrightarrow{\text{加熱}}$ 無水フタル酸 + H_2O

「濃硫酸の脱水作用」

$C_{12}H_{22}O_{11}$ 二糖 $\xrightarrow{\text{濃硫酸}}$ $12C$ + $11H_2O$

> こんな複雑な有機化合物が炭素Cと水H_2Oだけになってるわ！

$C_6H_{12}O_6$ 単糖 $\xrightarrow{\text{濃硫酸}}$ $6C$ + $6H_2O$

「ジアゾ化」

アニリン —NH_2 + $2HCl$ + $NaNO_2$ 希塩酸 亜硝酸ナトリウム

$\xrightarrow[\text{ジアゾ化}]{5℃以下}$ 塩化ベンゼンジアゾニウム —$N^+ \equiv NCl^-$ + $NaCl$ + $2H_2O$

「ジアゾカップリング（カップリング）」

—$N^+ \equiv NCl^-$ + —O^-Na^+ ナトリウムフェノキシド

$\xrightarrow{\text{カップリング}}$ p-ヒドロキシアゾベンゼン（p-フェニルアゾフェノール） —$N = N$—OH + $NaCl$

> ジアゾ化は低温下で行わなければならないぞいでないとフェノールになってしまうからのぅ

> アゾ基 —$N=N$— も重要よ

有機化合物別まとめ

Chapter3の最後に，反応式をそれぞれの有機化合物ごとに
まとめて掲載しておきます。ほとんどが，これまでに学習した反応式です。

◎ ここで確認！ メタンに関する反応式

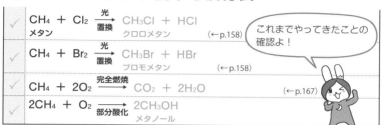

$$CH_4 + Cl_2 \xrightarrow[置換]{光} CH_3Cl + HCl$$
メタン　　　　　　　　　　クロロメタン　　　　（←p.158）

これまでやってきたことの
確認よ！

$$CH_4 + Br_2 \xrightarrow[置換]{光} CH_3Br + HBr$$
メタン　　　　　　　　　　ブロモメタン　　　　（←p.158）

$$CH_4 + 2O_2 \xrightarrow{完全燃焼} CO_2 + 2H_2O$$
　　　　　　　　　　　　　　　　　　　（←p.167）

$$2CH_4 + O_2 \xrightarrow{部分酸化} 2CH_3OH$$
　　　　　　　　　　　メタノール

◎ ここで確認！ エテン（エチレン）に関する反応式

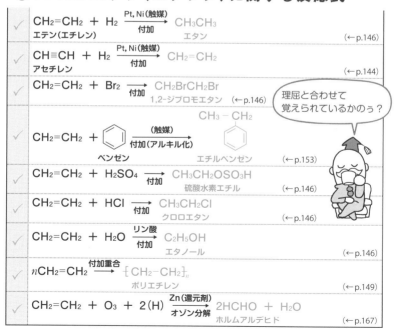

$$CH_2=CH_2 + H_2 \xrightarrow[付加]{Pt, Ni(触媒)} CH_3CH_3$$
エテン（エチレン）　　　　　　　　エタン　　　　（←p.146）

$$CH\equiv CH + H_2 \xrightarrow[付加]{Pt, Ni(触媒)} CH_2=CH_2$$
アセチレン　　　　　　　　　　　　　　　　（←p.144）

$$CH_2=CH_2 + Br_2 \xrightarrow{付加} CH_2BrCH_2Br$$
　　　　　　　　　　　　1,2-ジブロモエタン　（←p.146）

理屈と合わせて
覚えられているかのぅ？

$$CH_2=CH_2 + \bigcirc \xrightarrow[付加(アルキル化)]{(触媒)} \bigcirc$$
　　　　　　　　ベンゼン　　　　　　　　エチルベンゼン　（←p.153）

$$CH_2=CH_2 + H_2SO_4 \xrightarrow{付加} CH_3CH_2OSO_3H$$
　　　　　　　　　　　　　硫酸水素エチル　（←p.146）

$$CH_2=CH_2 + HCl \xrightarrow{付加} CH_3CH_2Cl$$
　　　　　　　　　　　　クロロエタン　　（←p.146）

$$CH_2=CH_2 + H_2O \xrightarrow[付加]{リン酸} C_2H_5OH$$
　　　　　　　　　　　　　エタノール　　（←p.146）

$$nCH_2=CH_2 \xrightarrow{付加重合} [CH_2-CH_2]_n$$
　　　　　　　　　　　ポリエチレン　　（←p.149）

$$CH_2=CH_2 + O_3 + 2(H) \xrightarrow[オゾン分解]{Zn(還元剤)} 2HCHO + H_2O$$
　　　　　　　　　　　　　　ホルムアルデヒド　（←p.167）

◎ ここで確認！ アセチレンに関する反応式

✓	CH≡CH + H₂ $\xrightarrow[\text{付加}]{\text{Pt, Ni（触媒）}}$ CH₂=CH₂ アセチレン 　　　　　　　　　　　エテン（エチレン）	（←p.144）
✓	CH≡CH + HCl $\xrightarrow[\text{付加}]{}$ CH₂=CHCl 　　　　　　　　　　　　塩化ビニル	（←p.144）
✓	CH≡CH + H₂O $\xrightarrow[\text{付加}]{\text{HgSO₄（触媒）}}$ CH₃CHO 　　　　　　　　　　　　　　アセトアルデヒド	（←p.145,169）
✓	CH≡CH + CH₃COOH $\xrightarrow[\text{付加}]{}$ CH₂=CH（OCOCH₃） 　　　　　　　　　　　　　　　　　酢酸ビニル	（←p.144）
✓	CH≡CH + Cl₂ $\xrightarrow[\text{付加}]{}$ CHCl=CHCl 　　　　　　　　　　　　1,2-ジクロロエテン	（←p.144）
✓	CH≡CH + HCN $\xrightarrow[\text{付加}]{}$ CH₂=CH−CN 　　　　シアン化水素　　　　　アクリロニトリル	（←p.144）
✓	CH≡CH + ⬡ $\xrightarrow[]{\text{付加}}$ ⬡CH₂=CH 　　　　　　ベンゼン　　　　　スチレン	（←p.144）
✓	2CH≡CH $\xrightarrow[\text{付加重合}]{\text{Cu⁺（触媒）}}$ CH₂=CH−C≡CH 　　　　　　　　　　　　ビニルアセチレン	（←p.148）
✓	3CH≡CH $\xrightarrow[\text{付加重合}]{\text{Fe（触媒）}}$ ⬡	（←p.148）
✓	CaC₂ + 2H₂O ⟶ Ca（OH）₂ + CH≡CH 炭化カルシウム（カーバイド）　水酸化カルシウム	（←p.96,169）

◎ ここで確認！ エタノールに関する反応式

✓	CH₃CHO + H₂ $\xrightarrow[\text{還元}]{}$ C₂H₅OH アセトアルデヒド　　　　　エタノール	（←p.134）
✓	CH₂=CH₂ + H₂O $\xrightarrow[]{\text{リン酸}}$ C₂H₅OH	（←p.146）
✓	C₂H₅OH + （O） $\xrightarrow[]{\text{酸化}}$ CH₃CHO + H₂O	（←p.132）
✓	C₂H₅OH $\xrightarrow[\text{脱水}]{\text{濃硫酸（160～170℃）}}$ CH₂=CH₂ + H₂O	（←p.135）
✓	2C₂H₅OH $\xrightarrow[\text{縮合（脱水）}]{\text{濃硫酸（130～140℃）}}$ （C₂H₅）₂O + H₂O 　　　　　　　　　　　　　　ジエチルエーテル	（←p.136）
✓	C₂H₅OH + CH₃COCl $\xrightarrow[\text{（アセチル化）}]{\text{エステル化}}$ CH₃COOC₂H₅ + HCl 　　　　　　塩化アセチル	（←p.128）

◎ここで確認！ **アルデヒド類に関する反応式**

✓	$CH_3CHO + (O) \xrightarrow{\text{酸化}} CH_3COOH$	(←p.133)
✓	$CH_3CHO + H_2 \xrightarrow{\text{還元}} C_2H_5OH$	(←p.134)
✓	$HCHO + (O) \xrightarrow{\text{酸化}} HCOOH$ ホルムアルデヒド　　　　　ギ酸	(←p.133)
✓	$HCHO + H_2 \xrightarrow{\text{還元}} CH_3OH$ メタノール	(←p.134)

◎ここで確認！ **酢酸に関する反応式**

✓	$CH_3COOH + NaOH \longrightarrow CH_3COONa + H_2O$ 酢酸ナトリウム	(←p.119)
✓	$CH_3COOH + CH{\equiv}CH \longrightarrow CH_2{=}CH(OCOCH_3)$ 酢酸ビニル	(←p.144)
✓	$2CH_3COOH \underset{\text{加水分解}}{\overset{\text{脱水}}{\rightleftarrows}} (CH_3CO)_2O + H_2O$ 無水酢酸	(←p.140,141)
✓	$CH_3COOH + C_2H_5OH \underset{\text{加水分解}}{\overset{\text{エステル化}}{\rightleftarrows}} CH_3COOC_2H_5 + H_2O$ 酢酸エチル	(←p.127,129)

◎ここで確認！ **ギ酸に関する反応式**

✓	$HCOOH + NaOH \longrightarrow HCOONa + H_2O$ ギ酸　　　　　　　　　　ギ酸ナトリウム	(←p.119)
✓	$HCHO + (O) \xrightarrow{\text{酸化}} HCOOH$ ホルムアルデヒド	(←p.133)
✓	$HCOOH + H_2 \xrightarrow{\text{還元}} HCHO + H_2O$	(←p.134)
✓	$HCOOH \underset{\text{加熱}}{\overset{\text{濃硫酸}}{\longrightarrow}} H_2O + CO$	(←p.97)
✓	$HCOOH + CH_3OH \underset{\text{加水分解}}{\overset{\text{エステル化}}{\rightleftarrows}} HCOOCH_3 + H_2O$ ギ酸メチル	(←p.127)

ひ～

…確認することが
結構たくさんあるわね

174

◎ ここで確認！ 2価カルボン酸とエステルに関する反応式

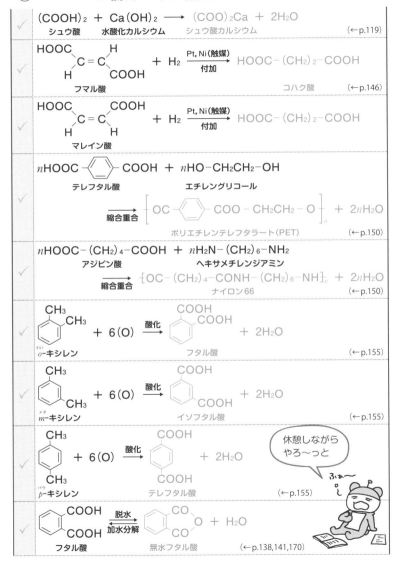

$(COOH)_2$ + $Ca(OH)_2$ ⟶ $(COO)_2Ca$ + $2H_2O$ シュウ酸　水酸化カルシウム　　シュウ酸カルシウム	(←p.119)

$\underset{\text{フマル酸}}{\overset{HOOC}{\underset{H}{>}}C=C\overset{H}{\underset{COOH}{<}}}$ + H_2 $\xrightarrow[\text{付加}]{\text{Pt, Ni(触媒)}}$ $HOOC-(CH_2)_2-COOH$　コハク酸 (←p.146)

$\underset{\text{マレイン酸}}{\overset{HOOC}{\underset{H}{>}}C=C\overset{COOH}{\underset{H}{<}}}$ + H_2 $\xrightarrow[\text{付加}]{\text{Pt, Ni(触媒)}}$ $HOOC-(CH_2)_2-COOH$

$n HOOC-\bigcirc-COOH$ + $n HO-CH_2CH_2-OH$
テレフタル酸　　　　　　　エチレングリコール

$\xrightarrow{\text{縮合重合}}$ $\left[OC-\bigcirc-COO-CH_2CH_2-O \right]_n$ + $2nH_2O$
ポリエチレンテレフタラート（PET） (←p.150)

$n HOOC-(CH_2)_4-COOH$ + $n H_2N-(CH_2)_6-NH_2$
アジピン酸　　　　　　　　ヘキサメチレンジアミン

$\xrightarrow{\text{縮合重合}}$ $\left[OC-(CH_2)_4-CONH-(CH_2)_6-NH \right]_n$ + $2nH_2O$
ナイロン66 (←p.150)

o-キシレン + $6(O)$ $\xrightarrow{\text{酸化}}$ フタル酸 + $2H_2O$ (←p.155)

m-キシレン + $6(O)$ $\xrightarrow{\text{酸化}}$ イソフタル酸 + $2H_2O$ (←p.155)

p-キシレン + $6(O)$ $\xrightarrow{\text{酸化}}$ テレフタル酸 + $2H_2O$ (←p.155)

フタル酸 $\underset{\text{加水分解}}{\overset{\text{脱水}}{\rightleftarrows}}$ 無水フタル酸 + H_2O (←p.138,141,170)

休憩しながら
やろ〜っと

ふぁ〜

✓	$(COOH)_2 + 2C_2H_5OH \xrightleftharpoons[\text{加水分解}]{\text{エステル化}} (COOC_2H_5)_2 + 2H_2O$
	エタノール　　　　　　　　　　　　　　シュウ酸ジエチル　　　　　　　　　(←p.127)

✓	$CH_3COOH + C_2H_5OH \xrightleftharpoons[\text{加水分解}]{\text{エステル化}} CH_3COOC_2H_5 + H_2O$
	酢酸エチル　　　　　　　　　(←p.127,129)

✓	$(CH_3CO)_2O + C_2H_5OH \longrightarrow CH_3COOC_2H_5 + CH_3COOH$
	無水酢酸　　　　　　　　　　　　　　　　　　　　　　　　　　　(←p.128)

✓	$CH_3COCl + C_2H_5ONa \xrightarrow[\text{(アセチル化)}]{\text{エステル化}} CH_3COOC_2H_5 + NaCl$
	塩化アセチル　ナトリウムエトキシド　　　　　　　　　　　　　　　(←p.128)

✓	$CH_3COCl + C_2H_5OH \xrightarrow[\text{(アセチル化)}]{\text{エステル化}} CH_3COOC_2H_5 + HCl$
	(←p.128)

✓	$HCOOH + CH_3OH \xrightleftharpoons[\text{加水分解}]{\text{エステル化}} HCOOCH_3 + H_2O$
	ギ酸　　メタノール　　　　　　　　　ギ酸メチル　　　　　　　　(←p.127)

✓	COOH（ベンゼン環）$+ C_2H_5OH \xrightleftharpoons[\text{加水分解}]{\text{エステル化}}$ COOC_2H_5（ベンゼン環）$+ H_2O$
	安息香酸　　　　　　　　　　　　　安息香酸エチル　　　　　　　(←p.127)

✓	OH・COOH（ベンゼン環）$+ CH_3OH \xrightleftharpoons[\text{加水分解}]{\text{エステル化}}$ OH・COOCH_3（ベンゼン環）$+ H_2O$
	サリチル酸　　　　　　　　　　　サリチル酸メチル　　　　　　　(←p.127)

✓	$CH_3COOC_2H_5 + NaOH \xrightarrow[\text{けん化}]{\text{加熱}} CH_3COONa + C_2H_5OH$
	酢酸ナトリウム　　　　　　(←p.131)

✓	COOC_2H_5（ベンゼン環）$+ NaOH \xrightarrow[\text{けん化}]{\text{加熱}}$ COONa（ベンゼン環）$+ C_2H_5OH$
	安息香酸ナトリウム　　　　　　(←p.131)

✓	$nCH_2=C(CH_3)COOCH_3 \xrightarrow{\text{付加重合}} [CH_2-C(CH_3)(COOCH_3)]_n$
	メタクリル酸メチル　　　　　　　　ポリメタクリル酸メチル　　　(←p.149)

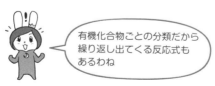

有機化合物ごとの分類だから
繰り返し出てくる反応式も
あるわね

◎ ここで確認! 油脂・セッケンに関する反応式

$$R^1COOH \quad HO-CH_2$$
$$+$$
$$R^2COOH + HO-CH \xrightarrow[加水分解]{エステル化} R^2COOCH + 3H_2O$$
$$+$$
$$R^3COOH \quad HO-CH_2$$

高級脂肪酸 　　グリセリン 　　　　　　油脂 　　　　　　　　(←p.129)

$$R^1COOCH_2 \quad\quad R^1COONa \quad HO-CH_2$$
$$\mid \quad\quad\quad +$$
$$R^2COOCH + 3NaOH \xrightarrow[けん化]{加熱} R^2COONa + HO-CH$$
$$\mid \quad\quad\quad +$$
$$R^3COOCH_2 \quad\quad R^3COONa \quad HO-CH_2$$

　　　　　　　　　　　　　　　セッケン 　　　　　　　　(←p.131)

セッケンは
私たちの生活に
必要不可欠よね

◎ ここで確認! ベンゼンに関する反応式

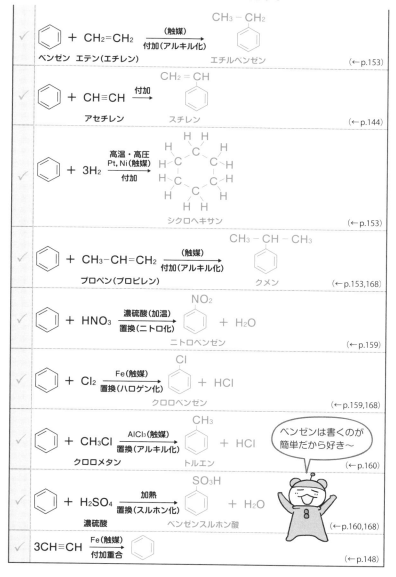

◎ ここで確認! フェノールに関する反応式

✓	OH（フェノール） + NaOH ⟶ ONa（ナトリウムフェノキシド） + H_2O　（←p.120,163）
✓	ONa + CO_2 + H_2O ⟶ OH + $NaHCO_3$（炭酸水素ナトリウム）　（←p.122,163）
✓	OH + $3HNO_3$ $\xrightarrow[\text{置換(ニトロ化)}]{\text{濃硫酸}}$ ピクリン酸（2,4,6-トリニトロフェノール） + $3H_2O$　（←p.160）
✓	OH + $(CH_3CO)_2O$（無水酢酸） $\xrightarrow[\text{(アセチル化)}]{\text{エステル化}}$ $OCOCH_3$（酢酸フェニル） + CH_3COOH　（←p.128,157）
✓	2 OH + 2Na ⟶ 2 ONa + H_2　（←p.123）
✓	$^+N\equiv NCl^-$（塩化ベンゼンジアゾニウム） + H_2O $\xrightarrow[\text{加水分解}]{\text{5℃以上}}$ OH + N_2 + HCl　（←p.168）

◎ ここで確認！芳香族カルボン酸に関する反応式

安息香酸 + NaOH → 安息香酸ナトリウム + H_2O (←p.120)

安息香酸 + $NaHCO_3$（炭酸水素ナトリウム） → COONa + CO_2 + H_2O (←p.166)

COONa + HCl → COOH + NaCl (←p.166)

ベンジルアルコール CH_2OH + 2(O) $\xrightarrow{酸化}$ COOH + H_2O (←p.155)

エチルベンゼン C_2H_5 + 6(O) $\xrightarrow{酸化}$ COOH + $2H_2O$ + CO_2 (←p.155)

$n\,HOOC-\!\!\!\!\!-\!\!\!\!\!-COOH$（テレフタル酸） + $n\,HO-CH_2CH_2-OH$（エチレングリコール） $\xrightarrow{縮合重合}$ $\left[OC-\!\!\!\!\!-\!\!\!\!\!-COO-CH_2CH_2-O\right]_n$ + $2n\,H_2O$ ポリエチレンテレフタラート（PET） (←p.150)

トルエン CH_3 + 3(O) $\xrightarrow{酸化}$ COOH + H_2O (←p.155)

o-キシレン（オルト）CH_3, CH_3 + 6(O) $\xrightarrow{酸化}$ COOH, COOH（フタル酸） + $2H_2O$ (←p.155)

m-キシレン（メタ）CH_3, CH_3 + 6(O) $\xrightarrow{酸化}$ COOH, COOH（イソフタル酸） + $2H_2O$ (←p.155)

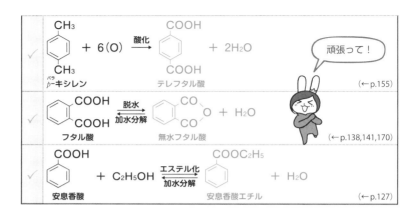

◎ここで確認！**サリチル酸に関する反応式**

OH COOH サリチル酸 + NaOH ⟶ OH COONa サリチル酸ナトリウム + H_2O (←p.120)

OH COOH + 2NaOH ⟶ ONa COONa サリチル酸二ナトリウム + $2H_2O$ (←p.163)

ONa COONa + CO_2 + H_2O ⟶ OH COONa + $NaHCO_3$ 炭酸水素ナトリウム (←p.163)

OH COONa + H_2SO_4 ⟶ OH COOH + $NaHSO_4$ 硫酸水素ナトリウム (←p.122)

OH COONa + HCl ⟶ OH COOH + NaCl (←p.122,163)

OH COOH + $(CH_3CO)_2O$ 無水酢酸 —濃硫酸→ ←アセチル化— OCOCH₃ COOH アセチルサリチル酸 + CH_3COOH (←p.157)

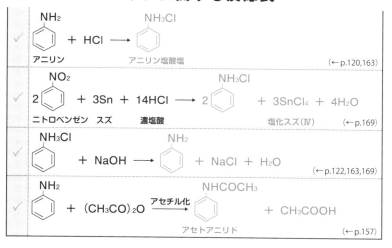

◎ここで確認!　アニリンに関する反応式

アニリン　+　HCl　⟶　アニリン塩酸塩　　　　　　　　　　　(←p.120,163)

2 ニトロベンゼン　+　$3Sn$（スズ）　+　$14HCl$（濃塩酸）　⟶　2 （アニリン塩酸塩）　+　$3SnCl_4$（塩化スズ(Ⅳ)）　+　$4H_2O$　　　(←p.169)

アニリン塩酸塩　+　$NaOH$　⟶　アニリン　+　$NaCl$　+　H_2O　　　　(←p.122,163,169)

アニリン　+　$(CH_3CO)_2O$　→（アセチル化）　アセトアニリド　+　CH_3COOH　　　(←p.157)

やればできる！

あと少しじゃ！

◎ ここで確認! 合成高分子化合物に関する反応式

$n\mathrm{CH_2{=}CH_2}$ 付加重合→ $\left[\mathrm{CH_2{-}CH_2}\right]_n$ エテン(エチレン) / ポリエチレン	(←p.149)
$n\mathrm{CH_2{=}CHCl}$ 付加重合→ $\left[\mathrm{CH_2{-}CHCl}\right]_n$ 塩化ビニル / ポリ塩化ビニル	(←p.149)
$n\mathrm{CH_2{=}CHCN}$ 付加重合→ $\left[\mathrm{CH_2{-}CH(CN)}\right]_n$ アクリロニトリル / ポリアクリロニトリル	(←p.149)
$n\mathrm{CH_2{=}CHCH_3}$ 付加重合→ $\left[\mathrm{CH_2{-}CH(CH_3)}\right]_n$ プロペン(プロピレン) / ポリプロピレン	(←p.149)

n スチレン(CH=CH₂, ベンゼン環) — 付加重合 → ポリスチレン

スチレン	ポリスチレン (←p.149)

$n\mathrm{CH_2{=}CH(OCOCH_3)}$ 付加重合→ $\left[\mathrm{CH_2{-}CH(OCOCH_3)}\right]_n$ 酢酸ビニル / ポリ酢酸ビニル	(←p.149)
$n\mathrm{CH_2{=}C(CH_3)COOCH_3}$ 付加重合→ $\left[\mathrm{CH_2{-}C(CH_3)(COOCH_3)}\right]_n$ メタクリル酸メチル / ポリメタクリル酸メチル	(←p.149)
$n\mathrm{CF_2{=}CF_2}$ 付加重合→ $\left[\mathrm{CF_2{-}CF_2}\right]_n$ テトラフルオロエチレン / ポリテトラフルオロエチレン	(←p.149)

$n\,\mathrm{HOOC{-}\langle\!\!\!\bigcirc\!\!\!\rangle{-}COOH} + n\,\mathrm{HO{-}CH_2CH_2{-}OH}$
テレフタル酸　　　　　　　　　エチレングリコール

縮合重合 → $\left[\mathrm{OC{-}\langle\!\!\!\bigcirc\!\!\!\rangle{-}COO{-}CH_2CH_2{-}O}\right]_n + 2n\mathrm{H_2O}$
ポリエチレンテレフタラート(PET)　　　(←p.150)

$n\mathrm{CH_2{=}CH{-}CH{=}CH_2}$ 付加重合→ $\left[\mathrm{CH_2{-}CH{=}CH{-}CH_2}\right]_n$ 1,3-ブタジエン / ブタジエンゴム(ポリブタジエン)	(←p.149)
$n\mathrm{CH_2{=}CCl{-}CH{=}CH_2}$ 付加重合→ $\left[\mathrm{CH_2{-}CCl{=}CH{-}CH_2}\right]_n$ クロロプレン / クロロプレンゴム(ポリクロロプレン)	(←p.149)

$n\mathrm{HOOC{-}(CH_2)_4{-}COOH} + n\mathrm{H_2N{-}(CH_2)_6{-}NH_2}$
アジピン酸　　　　　　　　ヘキサメチレンジアミン

縮合重合 → $\left[\mathrm{OC{-}(CH_2)_4{-}CONH{-}(CH_2)_6{-}NH}\right]_n + 2n\mathrm{H_2O}$
ナイロン66　　　　　　(←p.150)

$n\mathrm{CH_2{=}C(CH_3){-}CH{=}CH_2}$ 付加重合→ $\left[\mathrm{CH_2{-}C(CH_3){=}CH{-}CH_2}\right]_n$ イソプレン / ポリイソプレン(天然ゴム)	(←p.149)

おっ？　もしかして…

184

185

186

さくいん

【用語さくいん】

さ行

【物質名さくいん】

あ行

は行

著者	船登　惟希
デザイン	オカニワトモコ デザイン
イラスト	水谷　さるころ
データ作成	株式会社四国写研
印刷所	株式会社リーブルテック
編集協力	秋下　幸恵
	内山　とも子
	佐々木　貴浩
	服部　篤樹
	福森　美惠子
	渡辺　泰葉
企画・編集	宮﨑　純

この本の製作に関わってくれたみなさんありがとう！

最後まで読んでくれてありがとう！

大事に使ってね！

『宇宙ーわかりやすい』シリーズもよろしくね！